暑中コンクリートの施工指針・同解説

Recommendation
for
Practice of Hot Weather Concreting

1992 制 定
2019 改 定（第2次）

日本建築学会

本書のご利用にあたって
　本書は，作成時点での最新の学術的知見をもとに，技術者の判断に資する標準的な考え方や技術の可能性を示したものであり，法令等の根拠を示すものではありません．ご利用に際しては，本書が最新版であることをご確認ください．なお，本会は，本書に起因する損害に対して一切の責任を負いません．

ご案内
　本書の著作権・出版権は(一社)日本建築学会にあります．本書より著書・論文等への引用・転載にあたっては必ず本会の許諾を得てください．
Ⓡ＜学術著作権協会委託出版物＞
　本書の無断複写は，著作権法上での例外を除き禁じられています．本書を複写される場合は，学術著作権協会（03-3475-5618）の許諾を受けてください．

一般社団法人　日本建築学会

序
──2000 年 9 月改定（第 2 版）──

　本指針の刊行後 8 年が経過し，その間に高性能 AE 減水剤や低熱ポルトランドセメントに代表される新技術の導入・普及，ならびに JASS 5 をはじめとする関連仕様書・指針類の改定や，JIS 改正，SI 単位への移行等が生じた．これらを反映して，今回本指針を改定とすることとした．改定にあたっては初版の基本方針を継承するとともに，養生期間の短縮等，暑中環境におけるメリットをより積極的に位置づけることを念頭においた．また暑中コンクリート対策は設計段階で入念に検討を行っておくことが重要であることを考慮し，打込み計画書を作成する際のポイントとなる内容を示すなど，より実践的な記述を行った．

　1 章「総則」では本指針の核となる系統図評価に関して，上記事情を反映して全委員による見直しを行った．また設計事務所，ゼネコン各社の所有する仕様書を再調査し，これらの一覧表を更新した．2 章「暑中環境におけるコンクリートの諸性質」ではプラスティックひび割れほか，初版以降に得られた新たな研究成果を追加した．3 章「コンクリート材料」では新たに JIS 化された低熱ポルトランドセメントや高性能 AE 減水剤などを有効な暑中対策として位置づけ記述した．4 章「調合」ではフレークアイスの使用や液体窒素など，冷却方法ごとのコンクリートの温度推定式を解説した．5 章「発注・製造・輸送および受入れ」は，レディーミクストコンクリートを対象とした記述に改め，発注および受入れに関する項を新設した．6 章「打込み計画（準備・段取り）」は施工要領書中の打込み計画書を作成する際のポイントを示し，その例を解説した．7 章「運搬・打込み・締固め」は初版 7, 8 章を統合し，JASS 5 との整合を図った．9 章「養生」は全面的に改定し，養生手段，養生開始時期を明記するとともに，養生期間を短縮できることとした．さらに，巻末資料としてコンクリート温度の測定方法，ならびに輸送中のコンクリート温度上昇抑制対策の実施例を新たに掲載した．

　なお，暑中環境における作業環境への配慮に関しては，本文および解説で若干示すにとどまったが，時代の趨勢である安全文化の確立および暑中コンクリートの品質確保の観点からも極めて重要な課題であり，今後の研究の進展を期待したい．

　本指針が暑中コンクリート工事に携わる設計者・施工者・工事監理者・レディーミクストコンクリート製造業者の方々の参考となれば幸いである．

2000 年 9 月

日本建築学会

序
──2019 年 7 月改定（第 3 版）──

　本指針の改定後，20 年近くが経過した．初版の序文にもあるように，わが国の暑中環境はコンクリートに致命的な悪影響を生じさせるものではなく，「ほどほどの対策」を講じるだけで十分であると考えられてきた．しかし，この間の気候変動に伴う暑中環境の過酷化と長期化は顕著であり，より高度な対策が不可欠な状況となってきた．一方で，暑中コンクリート工事に関連する実機レベルの実験が各地で活発に行われ，データの蓄積がなされるとともに，実態調査の事例も充実してきた．また，高性能 AE 減水剤をはじめとする化学混和剤の性能向上，ならびに JASS 5 をはじめとする関連仕様書・指針類の改定や，JIS 改正等が行われた．これらを反映して，今回本指針を改定することとした．改定にあたっては，これまでの基本方針を継承するとともに，上記の成果等をできるだけ反映させて，過酷化する暑中環境に対処する具体例を示すことを念頭に置いた．また，近年の暑中コンクリート工事において適切な対策を講じるにはコストへの配慮は不可欠であり，設計段階でそれを検討することとした．本指針が暑中コンクリート工事に携わる設計者・施工者・工事監理者・レディーミクストコンクリート生産者の方々の参考となれば幸いである．

　2019 年 7 月

日本建築学会

――――1992年6月初版――――

　暑中に施工されるコンクリートは，外気温が高くてコンクリートの練上がり温度が高くなるために，スランプが出にくくなる，空気が連行されにくくなる，運搬中のスランプロスが大きくなる，コールドジョイントが生じやすくなる，長期強度の発現が悪くなるなど，コンクリートの種々の性質に変化が現れ，調合面，施工面および品質管理などの面で種々の問題点があることが知られている．

　暑中に発生する上記のようなコンクリートの性質の変化は，いずれも温度が増大するに従って徐々に変化する性格のものであり，ある温度を境にして急激に変化が現れる現象ではない．またその性質が，コンクリートまたは鉄筋コンクリート構造物に及ぼす影響については不明なことが多いが，少なくとも寒中コンクリート工事における初期凍害のようにコンクリートに致命的な悪影響を及ぼすものではなさそうである．そのため，我が国においては暑中コンクリートに関して系統的な研究は行われておらず，また実際の暑中の工事においても，ほどほどの対策を講じるだけで済ませてきたのが実情であろう．

　しかし，これまで等閑視してきた事項が，予期せぬ悪い結果を生む可能性もありうることからJASS 5では1975年（昭和50年）の改定ではじめて節を独立し，暑中コンクリートの諸事項を決定した．その後JASS 5の暑中コンクリートについても寒中コンクリート工事と同じように指針作成の要望が高くなり，1987年小委員会を発足させた．

　1989年には本会の研究協議会のテーマとして暑中コンクリートの施工が討議された．暑中コンクリートについては現状の施工法で十分という声もあり，指針作成は現状を混乱させるという意見もあった．しかし，暑中環境を不具合のみではなく暑いということを前向きに考えようという建設的意見，九州支部材料施工委員会の要請，さらには諸外国との関連もあって本指針（案）作成に踏切った．そこで，暑中環境がコンクリートおよび鉄筋コンクリート構造物に及ぼす影響と対策についての手段として系統図法を用いた．その結果，暑中コンクリートの場合に現れやすく，等閑視しえない最終的不具合として，耐久性，構造体強度，外観などに関する不具合が抽出され，それに至るまでの因果関係が明らかにされた．

　本指針（案）は，この系統図を用いて構築された，因果関係と対策との対応に基づいて記述した．因果関係が明らかでないために，対策を示しえなかった部分もあるがそれらは，解説で触れることとし今後の研究課題とした．なお，暑中環境で外気温が高いことは，必ずしも悪影響のみを意味するものではない．初期強度の発現が速くなるなどは，その性質をうまく利用することによって施工の急速化や経済的メリットにもつながりうるものである．このような暑中環境であるがためのメリットは，できるだけ生かす方向での姿勢をとることとした．

　1章「総則」では，本指針（案）の適用範囲，設計段階および施工段階で採用すべき暑中対策を示した．暑中環境の定義としては，施工時の気温が25℃以上となる場合とした．しかし，暑中の悪影響は必ずしも温度だけではなく，湿度，風速，日射などとの組合せで定まるものである．この点

は解説で補足した．また，系統図の内容もここで解説した．

　2章では，温度がコンクリートの性質に及ぼす影響についての現状のデータをまとめた．2章を理解のうえ，3章「コンクリートの材料」以下11章の「品質管理・検査」に展開していただければと思う．また，資料については諸外国の規定，国内文献，実施例および気象について掲載したので参考にしていただきたい．

　以上，暑中コンクリートの施工指針（案）作成の背景と方針を記述した．本書の系統図による試みははじめてのことでありそれぞれがはっきりした指針的性格でない面もあるが，暑中環境下にあって，より効果的なコンクリート工事を進めるために本書が役立てばありがたい．

　なお，本書の内容については統一的な結果を得たものばかりでなく，コンクリート温度の設定地域別の区分，さらには調合や打込みについてはJASS 5の原則に従って大きくは取り上げなかったものもある．今後の課題であり会員各位の研究，ご批判によって取りあげていきたい．

1992年6月

日本建築学会

指針作成関係委員 (2019年3月)
― （五十音順・敬称略） ―

材料施工委員会本委員会

委 員 長	早川光敬	
幹　　事	橘高義典　黒岩秀介　輿石直幸　山田人司	
委　　員	（省略）	

鉄筋コンクリート工事運営委員会

主　　査	橘高義典
幹　　事	一瀬賢一　杉山　央　野口貴文
委　　員	阿部道彦　荒井正直　井上和政　今本啓一
	岩清水　隆　内野井宗哉　梅本宗宏　大岡督尚
	大久保孝昭　小野里憲一　鹿毛忠継　兼松　学
	川西泰一郎　河辺伸二　黒岩秀介　黒田泰弘
	小山明男　小山智幸　桜本文敏　陣内　浩
	鈴木澄江　巽　誉樹　棚野博之　谷村　充
	玉石竜介　檀　康弘　中川　崇　永田　敦
	中田善久　成川史春　名和豊春　西脇智哉
	濱　幸雄　濱崎　仁　早川光敬　原田修輔
	丸山一平　湯浅　昇　依田和久　渡辺一弘
	渡部　憲

暑中コンクリートの施工指針改定小委員会

主　　査	小山智幸
幹　　事	伊藤是清　陣内　浩
委　　員	新　大軌　一瀬賢一　岩清水　隆　黒田泰弘
	小山田英弘　鶴田達哉　鍋沢斤吾　船本憲治
	本田　悟　前田禎夫　松倉隼人　湯浅　昇

解説執筆委員（第 3 版）

全体調整　　　　小山智幸　陣内　浩　伊藤是清　岩清水　隆

1 章　総　　則　　　　　　　　　　　　　小山智幸　陣内　浩　伊藤是清
2 章　暑中環境におけるコンクリートの諸性質　　新　大軌　湯浅　昇
3 章　設計・施工計画　　　　　岩清水　隆　鍋沢斤吾　一瀬賢一
4 章　材　　料　　　　　　　　前田禎夫　松倉隼人　船本憲治
5 章　調　　合　　　　　　　　陣内　浩　船本憲治　本田　悟
6 章　発注・製造・運搬および受入れ　　　　鶴田達哉　黒田泰弘
7 章　打込み計画　　　　　　　　　　　　　黒田泰弘　岩清水　隆
8 章　打込み・締固め　　　　　　　　　　　本田　悟　岩清水　隆
9 章　仕　上　げ　　　　　　　　　　　　　小山田英弘　一瀬賢一
10 章　養　　生　　　　　　　　　　　　　　伊藤是清　小山智幸
11 章　品質管理および検査　　　　　　　　　湯浅　昇　陣内　浩

資　　料　　　　小山智幸　伊藤是清　岩清水　隆　前田禎夫

解説執筆委員（第2版）

全体調整・とりまとめ	松藤 泰典	毛見 虎雄	森永 繁	小山 智幸
1章 総則	松藤 泰典	毛見 虎雄	森永 繁	武田 一久
2章 暑中環境におけるコンクリートの諸性質			小山 智幸	宮崎 環
3章 コンクリート材料			大川 裕	宇賀神 尊信
4章 調合			椎葉 大和	和美 廣喜
5章 発注・製造・輸送および受入れ				武田 一久
6章 打込み計画（準備・段取り）				山崎 庸行
7章 運搬・打込み・締固め		和美 廣喜	河上 嘉人	山崎 庸行
8章 仕上げ			和美 廣喜	山崎 庸行
9章 養生				森永 繁
10章 品質管理・検査			武田 一久	椎葉 大和
資料1 コンクリート温度の測定方法			松藤 泰典	小山 智幸
資料2 諸外国の暑中コンクリートの規定と問題点				森永 繁
資料3 暑中コンクリートの国内文献				鈴木 忠彦
資料4 暑中コンクリート工事の実施例（九州電力玄海原子力発電所3・4号機）				
	安達 実　清原 一彦　御手洗 泰文　野口 浩　坂口 徹			
資料5 暑中の気象条件				赤坂 裕
資料6 暑中環境下で輸送されるコンクリートの温度上昇抑制に関する実験				
			松藤 泰典	小山 智幸

解説執筆委員（初版）

全体調整	毛見 虎雄	森永 繁	武田 一久	鈴木 忠彦	大久保孝昭
1章　総　　則	毛見 虎雄	松藤 泰典	森永 繁	武田 一久	
2章　暑中環境におけるコンクリートの諸性質					地濃 茂雄
3章　コンクリートの材料					中川 脩
4章　コンクリートの調合				和美 広喜	大久保孝昭
5章　コンクリートの製造と輸送				池田 正志	一瀬 賢一
6章　打込み計画					鈴木 忠彦
7章　運　　搬					和美 広喜
8章　打込み・締固め					鈴木 忠彦
9章　仕　上　げ					和美 広喜
10章　養　　生					一瀬 賢一
11章　品質管理・検査					武田 一久
資料1　諸外国の暑中コンクリートの規定と問題点					森永 繁
資料2　暑中コンクリートの国内文献					鈴木 忠彦
資料3　暑中コンクリート工事の実施例	安達 稔	清原 一彦	御手洗泰文	野口 浩	坂口 徹
資料4　暑中の気象条件					赤坂 裕

暑中コンクリートの施工指針・同解説

目　次

	本文ページ	解説ページ

1章　総　則
　1.1　適用範囲および原則 …………………………………………………… 1 …… 15
　1.2　暑中コンクリート工事の適用期間 …………………………………… 1 …… 16
　1.3　用　語 …………………………………………………………………… 1 …… 19

2章　暑中環境におけるコンクリートの諸性質
　2.1　総　則 …………………………………………………………………… 2 …… 20
　2.2　水和反応に及ぼす温度・水分および化学混和剤の影響 …………… 2 …… 20
　2.3　コンクリートの諸性質の変化 ………………………………………… 2 …… 27

3章　設計・施工計画
　3.1　総　則 …………………………………………………………………… 3 …… 45
　3.2　設計段階における暑中対策 …………………………………………… 3 …… 48
　3.3　施工段階における暑中対策 …………………………………………… 4 …… 54

4章　材　料
　4.1　総　則 …………………………………………………………………… 4 …… 57
　4.2　セメント ………………………………………………………………… 4 …… 58
　4.3　骨　材 …………………………………………………………………… 5 …… 61
　4.4　練混ぜ水 ………………………………………………………………… 5 …… 61
　4.5　混和材料 ………………………………………………………………… 5 …… 61
　4.6　その他の材料 …………………………………………………………… 5 …… 72

5章　調　合
　5.1　総　則 …………………………………………………………………… 5 …… 74
　5.2　調合計画上の留意事項 ………………………………………………… 6 …… 74
　5.3　品質基準強度，調合管理強度および調合強度 ……………………… 6 …… 76
　5.4　試し練り ………………………………………………………………… 7 …… 79

6章　発注・製造・運搬および受入れ

 6.1　総　　則 …………………………………………………………… 7 …… 81
 6.2　レディーミクストコンクリートの発注 ……………………………… 7 …… 81
 6.3　製造管理 ……………………………………………………………… 7 …… 86
 6.4　運　　搬 ……………………………………………………………… 8 …… 91
 6.5　受入れ ………………………………………………………………… 8 …… 92

7章　打込み計画

 7.1　総　　則 ……………………………………………………………… 8 …… 94
 7.2　打込み計画策定の基本原則 ………………………………………… 8 …… 94
 7.3　打込み計画書の作成 ………………………………………………… 8 …… 99

8章　打込み・締固め

 8.1　総　　則 ……………………………………………………………… 9 …… 103
 8.2　場内運搬による品質変化の限度および品質変化したコンクリートの処置 …… 9 …… 104
 8.3　場内運搬時間 ………………………………………………………… 9 …… 107
 8.4　場内運搬方法 ………………………………………………………… 9 …… 107
 8.5　打　込　み …………………………………………………………… 10 …… 108
 8.6　締　固　め …………………………………………………………… 10 …… 112

9章　仕　上　げ

 9.1　総　　則 ……………………………………………………………… 10 …… 114
 9.2　床仕上げの方法 ……………………………………………………… 11 …… 115
 9.3　せき板に接する面の仕上げ ………………………………………… 11 …… 117

10章　養　　生

 10.1　総　　則 …………………………………………………………… 11 …… 119
 10.2　養生方法 …………………………………………………………… 11 …… 120
 10.3　養生の開始時期 …………………………………………………… 12 …… 123
 10.4　養生期間 …………………………………………………………… 12 …… 125

11章　品質管理および検査

 11.1　総　　則 …………………………………………………………… 12 …… 129
 11.2　品質管理上の留意事項 …………………………………………… 12 …… 129

資 料

資料1　暑中コンクリート工事の適用期間の求め方 ……………………………… 135

資料2　暑中コンクリート工事の適用期間の算定結果の例 ……………………… 138

資料3　ブリーフィング（事前協議）チェックリストの例 ………………………… 144

資料4　暑中期のレディーミクストコンクリート工場における材料温度の実態調査 …… 147

暑中コンクリートの施工指針

車中エンジンアートの改工指針

暑中コンクリートの施工指針

1章 総　　則

1.1 適用範囲および原則
a．本指針は，原則としてわが国の暑中環境におけるコンクリート工事に適用する．
b．本指針に示されていない事項は，JASS 5およびその関連指針による．
c．マスコンクリート，高強度コンクリート，その他特殊コンクリートは本指針の適用対象外とする．
d．設計者および施工者は，暑中環境がコンクリートの品質や作業環境に及ぼす悪影響を考慮し，工事費に配慮しながら，設計段階および施工段階で対策を定める．

1.2 暑中コンクリート工事の適用期間
a．暑中コンクリート工事の適用期間は，日平均気温の日別平滑値が25.0℃を超える期間を基準とし，この期間を暑中期とする．ここで用いる日別平滑値は，過去10年の気象データによって求めた平年値〔10年〕を標準とする．
b．a.で設定した暑中期のうち，日平均気温の日別平滑値が28.0℃を超える期間を酷暑期とする．酷暑期を設定する日平均気温の日別平滑値は，平年値〔10年〕を標準とする．ただし，a.の暑中期を平年値〔10年〕以外で設定した場合は，a.と算出期間を揃えた日平均気温の日別平滑値とする．なお，前記にかかわらず，最新の気象情報などからコンクリート温度が35℃を超えると予測された日は，酷暑期に該当すると判断して施工および品質管理を行うことができる．

1.3 用　　語
本指針に用いる用語は，JASS 5　1.6「用語」によるほか，下記による．

平年値　　　　：日平均気温などの気象観測値を平滑化した値．一般に過去30年間の観測値の平均値をKZフィルター〔巻末資料1.を参照〕により平滑化した値が用いられる．暦年の10年ごとに更新され，例えば1981年から2010年の30年間の観測値から求められた値が2011年から2020年にわたって使用される．

平年値〔10年〕：算定を行う直近10年間の測定データを用いて平年値と同様に算定した値．値は毎年更新される．

暑中期　　　　：日平均気温の日別平滑値が25.0℃を超える期間．

酷暑期　　　　：受入れ時のコンクリート温度が35℃を超える可能性が高くなる，日平均気温の日別平滑値が28.0℃を超える期間．

2章　暑中環境におけるコンクリートの諸性質

2.1　総　　則

　暑中環境で製造・施工されるコンクリートは，主にセメントの水和反応の促進や水分の急激な蒸発によって，品質が大幅に変化する可能性がある．したがって，3章以降の対策選定に先駆けて，暑中環境におけるコンクリートの諸性質の変化を理解しておく．

2.2　水和反応に及ぼす温度・水分および化学混和剤の影響

　a．セメントの水和反応は化学反応であるため，水和の進行や水和生成物の物性には特に反応時の温度や水分が影響する．
　b．一般に，温度が高いほど水和反応は促進され水和初期段階での水和率は大きくなる．しかし，長期に至っては水和率の増進は高温ほど小さい．
　c．養生中の水分補給が十分でないと水和反応の進行は妨げられる．
　d．混和剤は，種類，添加率によってセメントの水和反応へ大きく影響を及ぼす．特に遅延形の化学混和剤を使用する場合は，種類，添加率に注意が必要である．
　e．混和材としてフライアッシュ，高炉スラグ微粉末を用いた場合，コンクリートの強度発現性は温度依存性が大きい．
　f．温度や水分はセメントの水和反応や硬化体の空隙構造に違いをもたらすため，コンクリートの凝結・硬化・強度発現等に大きな影響を及ぼす．

2.3　コンクリートの諸性質の変化

　a．単位水量の増大・空気量の減少

　化学混和剤量など他の条件が同じであれば，練上がり温度が高いほど，同一コンシステンシーのコンクリートを得るのに必要な単位水量は多くなる．また，練上がり温度が高くなるほど空気連行性は低下する．

　単位水量の増大は乾燥収縮ひび割れの発生やコンクリート表層部の密実性の低下等，コンクリートに発生する欠陥の原因となる可能性がある．また，連行空気量の低下はワーカビリティや凍結融解抵抗性を低下させる原因となる．

　b．時間経過に伴うスランプの低下

　コンクリートの温度が高くなるほど時間経過に伴うスランプの低下は大きくなる．スランプの低下はポンパビリティーの悪化や充填性の悪化を招き，打込み欠陥を誘発する原因となる．

　c．運搬中のコンクリート温度の上昇

　運搬中の外気温がコンクリートの温度より高い場合は，コンクリートの温度は上昇する．コンクリート温度の上昇は，スランプの低下や凝結・硬化の促進に影響を及ぼす．

d．打込み後初期の水分の急激な蒸発・ブリーディングの減少・変形能力の低下

　湿度が一定の場合，コンクリートの温度が高いほどコンクリート表面からの水分蒸発の速度は大きくなる．これに加えて，ブリーディングが減少するためにコンクリート表層部の乾燥は促進される．一方，ひび割れに対するコンクリートの変形能力は温度が高いほど小さくなる．このような作用は，初期ひび割れの発生に影響を及ぼす．

　e．打込み後初期のコンクリート温度の変化

　打込み後初期の外気温の変動は，表面部と中心部との温度差に影響を及ぼす．表面部と中心部との温度差が大きくなると，ひび割れが発生しやすくなる．

　f．凝結・硬化の促進

　コンクリートの温度が高いほどセメントの水和反応が促進され，コンクリートの凝結・硬化は早められる．コンクリートの打重ね時間間隔が適切でない場合や打重ね箇所の締固めが不十分な場合には，コールドジョイントの発生が特に顕著となる．

　また，凝結・硬化の促進は水分の急激な蒸発と相まって，仕上げのタイミングや仕上げ作業に支障をきたすことにもなる．

　g．初期強度の促進性と長期強度の増進性の低下

　温度が高いほど，初期の水和反応が促進されるので初期材齢の強度増進が速くなるが，長期材齢における強度増進性は小さくなる．

　また，打込み後初期の水分蒸発が多いほど水和反応の進行が阻害され，強度増進性は低下する．

　h．コンクリート表層部の密実性の低下

　単位水量が多いほど，また，水分蒸発量が多いほどコンクリート表層部の密実性は低下する．密実性の低下は耐久性に影響を及ぼすことになる．

3章　設計・施工計画

3.1　総　　則

　a．暑中コンクリート工事にあたっては，一般に，外気温が上昇した場合に発生しやすいといわれている不具合とその発生原因を十分検討して，対策を行う．

　b．暑中コンクリート工事にあたっては，設計段階および施工段階において，十分な事前協議に基づき対策を行う．

　c．受入れ時のコンクリート温度は35℃以下を原則とする．

　d．受入れ時のコンクリート温度の上限値を38℃とする場合には，コンクリートの性能が低下しないような適切な対策を採り，試し練りにより性能を確認する．

3.2　設計段階における暑中対策

　a．設計段階では，設計図書に暑中コンクリート工事に必要な対策を示し，適切な予算措置を行

う．特に，受入れ時のコンクリート温度が35℃を超えることが予想される酷暑期にコンクリート工事が行われる場合には，設計段階での暑中対策をより入念に講じる．

b．受入れ時のコンクリートの目標スランプは21cmを原則とする．ただし，酷暑期以外の暑中期においては，信頼できる資料に基づいて次の 1) 2) の項目を達成できると判断した場合，酷暑期においては，次の 1) 2) の項目を実験に基づいて達成できると判断した場合に，目標スランプの値を小さく定めることができる．

　1) 型枠の隅々までコンクリートを問題なく打ち込むことができること．
　2) 打重ねによるコンクリートの一体性に問題が生じないこと．

c．化学混和剤は遅延形の高性能AE減水剤とする．ただし，酷暑期以外の暑中期においては，信頼できる資料に基づいて次の1) 2) の項目を達成できると判断した場合，酷暑期においては，次の 1) 2) の項目を実験に基づいて達成できると判断した場合に，その他の化学混和剤を承認することができる．

　1) 型枠の隅々までコンクリートを問題なく打ち込むことができること．
　2) 打重ねによるコンクリートの一体性に問題が生じないこと．

d．暑中期に施工されるコンクリートは，プラスチック収縮ひび割れ対策についても十分な配慮を行い，必要に応じて養生剤の使用などを検討する．また，酷暑期においては，使用するコンクリートの乾燥収縮率の目標値を8×10^{-4}以下とし，そのための対策を講じる．

3.3 施工段階における暑中対策

a．施工段階での暑中対策は，コンクリートの材料，調合，発注・製造・運搬および受入れ，打込み計画，打込み・締固め，仕上げ，養生および品質管理・検査において立案し，コンクリートの所要の品質の確保と，作業員の体力の消耗と作業効率の低下がなるべく少なくなるようにする．

b．受入れ時のコンクリート温度が35℃を超えることが予想される酷暑期にコンクリート工事が行われる場合には，施工段階での暑中対策をより入念に講じる．

4章　材　　　料

4.1 総　　則

コンクリート材料は，暑中期のコンクリート工事に配慮して選定する．

4.2 セメント

a．セメントは，JIS R 5210（ポルトランドセメント）に適合する普通・中庸熱・低熱および耐硫酸塩ポルトンドセメント，JIS R 5211（高炉セメント），JIS R 5212（シリカセメント），JIS R 5213（フライアッシュセメント）に適合するものを標準とする．

b．上記以外のセメントは，信頼できる資料や試験によって所要の品質が得られることを確認して用いる．

4.3　骨　　材
　骨材は，JASS 5 4.3（骨材）による．

4.4　練混ぜ水
　練混ぜ水は，JIS A 5308（レディーミクストコンクリート）附属書C「レディーミクストコンクリートの練混ぜに用いる水」に適合するものとする．

4.5　混和材料
　a．化学混和剤は，JIS A 6204（コンクリート用化学混和剤）に適合する遅延形の化学混和剤のうち，高性能AE減水剤（遅延形）を用いることを原則とする．
　b．フライアッシュは，結合材として用いる場合はJASS 5 M-401に適合するものを，結合材として用いない場合はJIS A 6201（コンクリート用フライアッシュ）のⅡ種またはⅣ種に適合するものを用いる．
　c．高炉スラグ微粉末は，JIS A 6206（コンクリート用高炉スラグ微粉末）に適合するものを用いる．
　d．上記以外の混和材料は，信頼できる資料や試験によって所要の品質が得られることを確認して用いる．
　e．混和材料は，環境配慮を行う場合に有効なコンクリート材料であり，暑中期の特長を活かして用いる．

4.6　その他の材料
　その他の材料は，信頼できる資料または試験によってコンクリートに悪影響を及ぼさないことを確認して使用する．

5章　調　　合

5.1　総　　則
　コンクリートの調合は，コンクリートの所要の品質が得られるように，練混ぜ，運搬および打込みの条件を考慮して，原則として試し練りによって定める．ただし，暑中コンクリート工事用の調合があらかじめ準備されている場合は，試し練りを省略することができる．

5.2 調合計画上の留意事項

a．練上がり時の目標スランプは，受入れ時の目標スランプが得られるように，場外運搬中のスランプの低下などを見込んで定める．

b．単位水量はコンクリートに要求される性能に応じて，次の (1) (2) の条件を満たすように定める．

(1) 乾燥収縮が過大とならないように，原則として 185kg/m³ 以下とする．

(2) ブリーディングが過大とならないように，標準として 185kg/m³ 以下とする．

c．単位セメント量，水セメント比は，必要な施工性や圧縮強度などを確保できると同時に，化学混和剤の添加量が製造会社の推奨する値よりも著しく少なくならないように定める．

5.3 品質基準強度，調合管理強度および調合強度

a．品質基準強度は，設計基準強度と耐久設計基準強度から (5.1) 式によって定める．

$$F_q = \max(F_c, F_d) \tag{5.1}$$

ここに，F_q：品質基準強度（N/mm²）

F_c：設計基準強度（N/mm²）

F_d：耐久設計基準強度（N/mm²）

max(*) は，括弧内の大きい方の値の意味である．

b．調合管理強度は，品質基準強度と構造体強度補正値から (5.2) および (5.3) 式を満足するように定める．

$$F_m = F_q + {}_mS_n \tag{5.2}$$

$$F_m \geq F_{\text{work}} + S_{\text{work}} \tag{5.3}$$

ここに，F_m：調合管理強度（N/mm²）

${}_mS_n$：標準養生した供試体の材齢 m 日における圧縮強度と構造体コンクリートの材齢 n 日における圧縮強度の差による構造体強度補正値（N/mm²）．ただし，${}_mS_n$ は 0 以上の値とする．

F_{work}：施工上要求される材齢における構造体コンクリートの圧縮強度（N/mm²）

S_{work}：標準養生した供試体の調合強度を定めるための基準とする材齢における圧縮強度と施工上要求される材齢における構造体コンクリートの圧縮強度との差（N/mm²）

σ：使用するコンクリートの圧縮強度の標準偏差（2.5 N/mm²）

c．調合強度は，標準養生した供試体の材齢 m 日における圧縮強度で表すものとし，(5.4) 式および (5.5) 式を満足するように定める．調合強度を定める材齢 m 日は，原則として 28 日とする．

$$F \geq F_m + 1.73\,\sigma \quad (\text{N/mm}^2) \tag{5.4}$$

$$F \geq 0.85 F_m + 3\,\sigma \quad (\text{N/mm}^2) \tag{5.5}$$

ここに，F：コンクリートの調合強度（N/mm²）

F_m：コンクリートの調合管理強度（N/mm²）

σ：使用するコンクリートの圧縮強度の標準偏差（N/mm²）

d．構造体強度補正値 $_mS_n$ は，m を 28 日，n を 91 日とし，表 5.1 によりセメントの種類に応じて定めることを原則とする．

表 5.1　構造体強度補正値 $_{28}S_{91}$ の標準値

セメントの種類	構造体強度補正値 $_{28}S_{91}$（N/mm²）
早強ポルトランドセメント 普通ポルトランドセメント 高炉セメントB種	6
中庸熱ポルトランドセメント フライアッシュセメントB種	3
低熱ポルトランドセメント	0

e．使用するコンクリートの圧縮強度の標準偏差 σ は，レディーミクストコンクリート工場の実績を基に定める．実績がない場合は，2.5 N/mm² または $0.1F_m$ の大きいほうの値とする．

5.4　試し練り

室内における試し練りは，コンクリートの温度が高温になることにも配慮して行う．

6 章　発注・製造・運搬および受入れ

6.1　総　　則

暑中期に施工されるコンクリートの発注，製造工場における材料の貯蔵・計量，練混ぜ，工事現場までの運搬および現場での受入れにあたっては，練上がり温度の上昇に伴う品質の変動と運搬中のワーカビリティーの低下に十分に配慮し，対策を講じる．

6.2　レディーミクストコンクリートの発注

a．レディーミクストコンクリートの発注にあたっては，運搬時間，暑中対策用設備の有無などを調査し，荷卸し時に所要の品質が確保できる工場を選定する．

b．暑中期に施工されるコンクリートの発注においては，荷卸し時のコンクリートの最高温度を想定し，実施可能な温度低減対策を含めて，事前に生産者と協議し，必要な事項を指定する．

6.3　製造管理

a．コンクリートの練上がり温度は，荷卸し時に所定のコンクリート温度が得られるように，気象条件や運搬時間を考慮して定める．

b．セメント，骨材および水はできるだけ低い温度のものを用いる．

c．コンクリートの製造および出荷から荷卸しまでの運搬においては，荷卸し時に所定の品質のコンクリートが得られるように，品質変動および温度上昇をできるだけ小さくする．

6.4 運　　搬

トラックアジテータによる運搬計画は，製造から排出まで遅滞なく行われるように，生産者と協議して定める．

6.5 受 入 れ

トラックアジテータからコンクリートを排出までの待機時間が長くならないように受入れ計画を立案する．待機時間が長くなることが予想される場合は，トラックアジテータの日陰駐車やトラックアジテータのドラムへの散水などの温度上昇抑制対策を計画する．

7章　打込み計画

7.1 総　　則

暑中期におけるコンクリートの打込み計画では，コンクリートの性状の変化や作業能率の低下に十分に配慮し，構造体コンクリートの品質が確保されるように，必要な事項を定める．特に酷暑期においては，より厳重な配慮を行う．

7.2 打込み計画策定の基本原則

a．構造物の要求品質・全体の工事工程・施工の難易度・コンクリート供給量・労務事情および酷暑期に該当するかどうかなどを考慮して，打込み計画を策定する．

b．暑中コンクリート工事において発生する可能性のある「わるさ」の洗い出しとその対策を事前検討し，計画書に反映させる．

c．コンクリートの打込み作業を円滑に進めるために，工事の指揮・命令系統と役割分担を明確にした施工管理体制を定める．

7.3 打込み計画書の作成

a．打込み計画策定の基本原則に基づき，コンクリートの受入れ，運搬・打込み・締固め，仕上げ，養生および打込み体制を定め，打込み計画書を作成する．

b．打込み計画書を専門工事業者などの関係者に配布し，周知徹底を図る．

8章　打込み・締固め

8.1　総　　則

a．コンクリートの場内運搬は，高温条件，建物条件，施工条件およびコンクリートの種類を考慮して運搬時間と運搬方法を定めて，フレッシュコンクリートの品質変化ができるだけ少なくなるような方法で行う．

b．コンクリートの打込みおよび締固めは，打込み計画に基づき各自の作業分担，作業方法などを関係者に周知徹底し，コンクリートが密実に充填され，有害な打込み欠陥のない構造体コンクリートが得られるように行う．

c．コンクリートの打込みおよび締固めにあたっては，その作業時間を確保することを優先する．また，作業環境の改善を図り，品質確保に努める．

8.2　場内運搬による品質変化の限度および品質変化したコンクリートの処置

a．打込み箇所で所要のコンクリートの品質が確保できるように，あらかじめフレッシュコンクリートのスランプ，空気量および温度などの場内運搬による品質変化の限度を定めておく．

b．場内運搬されたコンクリートの品質変化が大きい場合には，すぐに運搬を中止し，その部分のコンクリートの処置について検討するとともに，品質変化の原因を調査し対策を講じる．

c．コンクリートポンプによる圧送時に閉塞したコンクリートは廃棄する．

d．場内運搬の待ち時間等で許容値以上にスランプが低下したコンクリートは，原則として打ち込まない．

　ただし，次の（1）および（2）の条件を満足する場合には，化学混和剤を添加してスランプを回復させてもよい．

（1）コンクリートの練混ぜから打込み終了までの時間が原則として90分以内であること．
（2）回復後のコンクリートはスランプと空気量が計画時の許容値を満足していること．

8.3　場内運搬時間

a．同一打込み区画のコンクリートは，できるだけ連続して打ち込めるように運搬する．

b．コンクリートの場内運搬時間は，原則として30分以内とする．ただし，特別な対策により所要のコンクリートの品質を確保することができる場合には，その時間の限度を延長することができる．

8.4　場内運搬方法

a．コンクリートポンプや輸送管などの運搬機器等は，できるだけ直射日光が当たらないように留意する．特に酷暑期では圧送用の輸送管は遮熱・断熱カバーなどで覆うことを原則とする．

b．コンクリートをバケットで運搬する場合には，所要の時間内に運搬できるようにバケットの

容量やトラックアジテータの積載量を定める．
- c．コンクリートポンプを用いる場合には，計画した圧送速度で連続して圧送する．長時間にわたって圧送を中断する場合には，インターバル運転，逆転運転等を行い閉塞防止に努める．
- d．運搬機械の不測の事故により運搬を中断する場合には，レディーミクストコンクリート工場へ連絡するとともに，打ち込まれたコンクリートの処置，機械の修復，代替機の手配等を速やかに行い，工事関係者に運搬の再開の見通しについて指示する．

8.5 打込み

- a．新たに打ち込むコンクリートが接する既設のコンクリートやせき板などの面は，直射日光が当たらないように養生し，散水や水の噴霧などによりできるだけ温度が高くならないようにする．
- b．コンクリートは，自由落下高さをできるだけ短くして打ち込む．その際，打込み箇所以外の鉄筋，型枠および先付けタイルなどにコンクリートが付着しないようにする．
- c．1回の打込み量，打込み区画および打込み順序を適切に定め，施工不良の発生を防止する．
- d．打込み作業中における打重ね時間間隔の限度は，コンクリート温度が25℃以上の場合は120分とする．ただし，コンクリートの凝結を遅延させ，内部振動機で打重ね部の処置をした場合には，この時間の限度を延長することができる．
- e．コンクリートの打継ぎは，設計図書で定められた位置で行うものとし，打継ぎ部の一体性が得られるように打継ぎ部の処理は特に入念に行う．

8.6 締固め

- a．締固めは，鉄筋・鉄骨および埋設物などの周辺や型枠の隅々までコンクリートが充填され，密実なコンクリートが得られるように行う．
- b．締固めは，主としてコンクリート棒形振動機および型枠振動機を用いて行い，必要に応じて他の補助用具を用いて行う．
- c．棒形振動機による締固めは，打込みの各層について行い，コンクリートの分離や空気量の低下が生じない範囲で行う．
- d．型枠振動機による締固めは，型枠に投入されるコンクリートの状況を把握し，振動の開始および振動時間を制御し，密実なコンクリートが得られるように行う．

9章 仕上げ

9.1 総則

- a．コンクリートの仕上げ工事は，コンクリート躯体の品質確保のほかに暑中期の環境の改善および施工の合理化を考慮して，適切な仕上げ工法と機器によって行う．

b．コンクリートの仕上げは，初期ひび割れの発生を極力少なくなるような方法で行う．

9.2　床仕上げの方法

　　a．コンクリートの床仕上げは，床の表面仕上げ材料に応じて，JASS 5に規定される平たんさになるように行う．

　　b．コンクリート床を直仕上げ工法で施工する場合は，コンクリートの凝結・硬化の進行程度に応じて，適切な人員を配置して行う．

　　c．直仕上げを金ごてで行う場合は，定規均しのあと，コンクリートの凝結度合いやこてむらの発生度合いを見て，2回以上の金ごて仕上げを行ない，平坦に仕上げる．

　　d．仕上げ途中でプラスチック収縮ひび割れや沈降ひび割れが発生した場合には，早期にタンピングとこて仕上げを併用して処置する．

　　e．コンクリート上面の仕上げにおいては，養生剤を用いるのはよいが，散水をして仕上げ作業をしてはならない．ただし，水分の逸散が大きく，仕上げ完了までの乾燥が著しい場合には，噴霧により少量の水を補ってよい．

　　f．コンクリートの凝結速度を調整する材料・工法を採用する場合には，試験によりその効果が確認されたものを使用する．

　　g．床のひび割れを誘発するためのカッター目地の施工は，コンクリート打込みの翌日以後，なるべく早い時期に行う．ただし，強度不足による角欠けが生じないことを確認する．

9.3　せき板に接する面の仕上げ

　　a．せき板に接する面のコンクリートの仕上げは，仕上げ材料に応じて，JASS 5に規定される平坦さになるように仕上げる．

　　b．コールドジョイント，豆板およびひび割れなどの補修は，あらかじめ定めた適切な方法で行う．

10章　養　　　生

10.1　総　　則

　　a．コンクリートは，所要の品質が得られるように，環境条件とコンクリートの材料や調合などの条件に応じて養生する．

　　b．施工者は，養生の方法・期間および養生に用いる資材などの計画を定めて，工事監理者の承認を受ける．

10.2　養生方法

　　a．打込み後のコンクリートは，直射日光によるコンクリートの急激な温度上昇および風による

水分の逸散を防止し，湿潤に保つための措置を講じる．
b．湿潤養生は，原則として外部から水を供給する給水養生によって行う．
c．給水養生が実用的でない場合は，次善の策として養生シートや養生剤等による保水養生を行う．
d．酷暑期においては，b．またはc．の対策を必須とし，打込み当日からの水分の逸散防止に特に注意を払う．ただし，垂直面に関しては，せき板の存置をこれと同等の対策とみなすこととする．

10.3 養生の開始時期

a．コンクリート上面の養生は，コンクリートの表面からブリーディング水が消失した時点から開始する．
b．せき板に接した面の養生は，せき板取外し直後から開始する．

10.4 養生期間

a．普通ポルトランドセメントを用いたコンクリートの湿潤養生期間は，5日間以上とする．その他のセメントを用いた場合の湿潤養生期間はJASS 5 8.2aによる．せき板に接した面は，せき板の取外しまでの期間をこの期間に含めることができる．
b．養生終了後は，コンクリートが急激に乾燥しないような措置を講じる．

11章 品質管理および検査

11.1 総則

暑中コンクリート工事における品質管理および検査はJASS 5による．

11.2 品質管理上の留意事項

a．コンクリートの練上がり温度を使用材料の冷却により低下させる場合は，材料の温度管理を行い，所定の練上がり温度が得られるようにする．
b．フレッシュコンクリートの試験を行う場所は，直射日光の影響等を避けることのできる場所とする．
c．運搬および待ち時間が長くなった場合には，コンクリート温度の測定頻度を高くし，急激な品質の変化に備える．
d．コンクリート温度が高くなりすぎるとコンクリート中へ空気が連行しにくくなることがあるため，空気量の測定頻度を高くする．
e．コンクリートの練混ぜから打込み終了までの時間を限度内に収めるように管理する．
f．作業員や試験員の作業状況には常に注意を払い，快適な環境下で作業できるように管理する．

g．採取後の供試体は，直射日光を避けて日陰に静置する．標準養生を行う供試体は，現場事務所内などのできるだけ 20℃に近い環境に静置する．また，現場水中養生または現場封かん養生を行う供試体は，実際の構造体に近い温度履歴となるようにする．

暑中コンクリートの施工指針
解　　　説

暑中コンクリートの施工指針　解説

1章　総　則

1.1 適用範囲および原則

> a．本指針は，原則としてわが国の暑中環境におけるコンクリート工事に適用する．
> b．本指針に示されていない事項は，JASS 5およびその関連指針による．
> c．マスコンクリート，高強度コンクリート，その他特殊コンクリートは本指針の適用対象外とする．
> d．設計者および施工者は，暑中環境がコンクリートの品質や作業環境に及ぼす悪影響を考慮し，工事費に配慮しながら，設計段階および施工段階で対策を定める．

　a．わが国は温帯，一部は亜熱帯地域に位置しており，その暑中の気候特性はいわゆる高温多湿であり，8月の東京以西の平均気温は平年値で26～29℃と地域による差はあまりなく，平均相対湿度は70％前後である．これを中近東の40℃にも達する気温と相対湿度20％以下という気象条件と比べるとコンクリート工事にとっては，養生の点で有利である．しかし，近年の温暖化による影響で各地の気温は年々確実に高くなっており，都市型の気候も加わって，本指針が制定された1992年頃と比較すると，暑中の時期は長期化，かつ過酷化し[1]，今後もこの傾向が継続する状況にある．

　本指針は，このようなわが国の暑中環境におけるコンクリート工事に適用するものである．なお，東南アジア地域の気候特性は，高温乾燥型の中近東地域と異なり，わが国と類似している点が多いので，本指針を参考にしてもよい．

　b．本指針は，JASS 5によるコンクリート工事を基本としており，長期化かつ過酷化する暑中環境においても要求品質を満足するコンクリートを生産するためのガイドを重点的に示したものである．したがって，本指針に示していない事項については，JASS 5およびその関連指針の規定を適用するものとした．

　c．本指針は，基本的にはJASS 5における基本仕様のコンクリートを暑中期に施工する場合を想定しており，マスコンクリート，高強度コンクリート，その他特殊コンクリートは適用対象外としている．これらのコンクリートを暑中期に施工する場合には，各コンクリートの特殊性に応じた検討を行う必要がある．

　d．建築生産は，他の工業生産が工場などの屋内でなされるのと異なり，環境要因の影響を受けやすい施工現場で行われるため，暑中環境下で行われるコンクリート工事では，高温による直接の影響により，また作業員の疲労が激しいことも間接的な要因となって，コンクリートの品質が低下しやすい．

　高温による直接の影響はコンクリート温度の上昇に端を発するが，その材料も時代とともに変化しており，例えば普通ポルトランドセメントを用いた場合のコンクリートの初期強度は高くなる傾向にある．また，常用されるコンクリートの強度も年々高くなっている．これらは，水和発熱の増大につながり，暑中環境の過酷化と相まってコンクリート温度を上昇させることになる．これによ

り，施工性の低下，長期強度増進の鈍化，ひび割れ発生や硬化体組織の密実性低下による耐久性への悪影響といった暑中コンクリートの物理的・化学的な「わるさ」がより顕在化する方向にあると考えられる．高温による間接的な影響として，高温化は過酷な施工現場で作業を行う生物としての人間に対する負荷を増大させ，熱中症をはじめとする労働災害の発生を助長させる．また，高温による疲労や集中力の低下による施工品質への悪影響は労働災害の発生よりも頻度が高いと推測され，看過できない問題である．

これらに対して適切な対策を実施するためには，実施工よりも早い段階で計画を立案し，予算面にも反映させておくことが不可欠である．設計者および施工者は，3章以降の記述を参考に，設計段階および施工段階で，対策を定めておく必要がある．

1.2 暑中コンクリート工事の適用期間

> a．暑中コンクリート工事の適用期間は，日平均気温の日別平滑値が25.0℃を超える期間を基準とし，この期間を暑中期とする．ここで用いる日別平滑値は，過去10年の気象データによって求めた平年値〔10年〕を標準とする．
> b．a．で設定した暑中期のうち，日平均気温の日別平滑値が28.0℃を超える期間を酷暑期とする．酷暑期を設定する日平均気温の日別平滑値は，平年値〔10年〕を標準とする．ただし，a.の暑中期を平年値〔10年〕以外で設定した場合は，a.と算出期間を揃えた日平均気温の日別平滑値とする．なお，前記にかかわらず，最新の気象情報などからコンクリート温度が35℃を超えると予測された日は，酷暑期に該当すると判断して施工および品質管理を行うことができる．

a．暑中コンクリート工事は，練混ぜ・運搬および打込みの各工程，ならびに打込み後，コンクリートが所要の品質に達するまでの期間中，高温による悪影響が予想される期間に適用されるが，その期間は，平年値〔10年〕（過去10年間の日平均気温の日別平滑値，1.3 用語参照）が25.0℃を超える期間，すなわち暑中期〔解説図1.1参照〕を基準とすることとした．

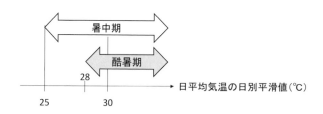

解説図 1.1 暑中期と酷暑期の関係

施工計画を策定する段階と実際に施工を行う時期とは最低でも数か月程度離れており，大規模工事では工期が数年にわたることも多いため，計画段階での予測は困難を伴う．従来，本指針の旧版やJASS 5では，暑中コンクリート工事の適用期間の基準として平年値を用いてきた．2015年版JASS 5においても，解説に全国の主要都市における気象庁発表の日平均気温が25.0℃を超える期間の始期と終期を示した表が掲載されている．ここで，平年値は暦年の10年ごとに更新されており，例えば現在の平年値は，1981年から2010年の30年間の観測値から求められたものである．そのため，平

年値は,その更新時期の関係から,最大で40年近い過去の気象データの影響を受けることとなる.しかし,近年の気候変動は顕著であるため,暑中コンクリート工事の適用期間の日数,すなわち日平均気温が25.0℃を超える日数において,平年値から予想された日数(解説図1.2中の階段状の実線)と実際の日数(同,折れ線)の差が2000年頃から大きくなる傾向にある[2].

したがって,より適切な設定を行うため,本指針では過去10年間の測定データから平滑値(=平年値〔10年〕)を求め,適用期間の基準とすることとした.解説図1.2に,この値が25.0℃を超える日数の推移を1990年以降について併記している(図中■印)が,より実際の傾向に近いことがわかる.また,2000年以降でみると,地域によってはこれまで暑中としてきた期間よりも前後10日間程度長くなる場合もある.ここで,平年値〔10年〕の計算には,平年値と同様に,KZフィルターによる手法を用いる.KZフィルターとは,母集団の傾向をできるだけ損なわないように平均化を行うために単純移動平均を数回繰り返す方法[3]であり,上記いずれの場合にも日別の累年平均値に対して9日間移動平均を3回行っている.平年値〔10年〕の算定方法と算定結果の例を巻末資料に示している.なお,平年値〔10年〕の算定においては,可能な限り直近の気象データを用いるべきであるが,作業の煩雑さを考慮すると数年程度は同じデータを使用することもやむをえないものとする.

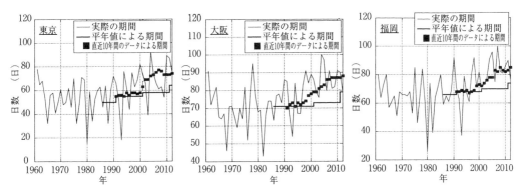

解説図1.2 平年値および平年値〔10年〕から予測した適用期間と実際の期間の関係[2]

b.温暖化による影響で各地の気温は年々高くなっており,設計基準強度の増大に伴う単位セメント量の増加などの影響も加わって,受入れ時のコンクリート温度も上昇しているのが現状である.解説図1.3に,九州における実態調査ならびに近畿地方における実機実験で得られたデータを基に,本指針の改定作業の中で検討した日平均気温と荷卸し時のコンクリート温度の関係を示す.出荷時の日平均気温28.0℃を超えると,荷卸し時のコンクリート温度が35℃を超える事例が増加していることがわかる.よって,本指針においては,暑中期のうち,受入れ時のコンクリート温度が35℃を超える可能性が高くなる,日平均気温の日別平滑値が28.0℃を超える期間を酷暑期と定義して〔解説図1.1参照〕,より入念な対策を施すこととした.なお,前記にかかわらず,最新の気象情報などからコンクリート温度が35℃を超えると予測された日は,酷暑期に該当すると判断して施工および品質管理を行うことができることとした.解説表1.1に,酷暑期と酷暑期以外の暑中期における基本的な対策の違いを示す.詳細は3章以降を参照されたい.

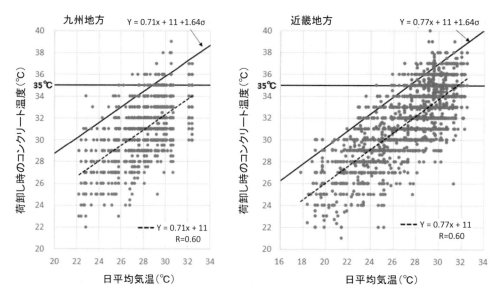

解説図 1.3　日平均気温と荷卸し時のコンクリート温度の関係

解説表 1.1　暑中コンクリート工事における対策

	暑中期（平年値〔10年〕が25.0℃を超える期間)	
	酷暑期以外	酷暑期（平年値〔10年〕が28.0℃を超える期間)
3.1.c, 3.1.d※	受入れ時のコンクリート温度は35℃以下を原則とする 上限値を38℃とする場合は適切な対策を採り，試し練りにより確認	
3.2.a		設計段階でより入念な対策
施工性 3.2.b	受入れ時のコンクリートの目標スランプ：原則21cm これより低スランプとする場合は	
	資料による確認が必要	実験による確認が必要
施工性 3.2.c	化学混和剤：遅延形の高性能AE減水剤 これ以外を使用する場合は	
	資料による確認が必要	実験による確認が必要
ひびわれ 3.2.d	乾燥収縮率の目標値：$8×10^{-4}$以下	
	長期または超長期	計画供用期間にかかわらず
施工性・一体性 8.4a	ポンプや輸送管などは直射日光が当たらないよう留意	
		輸送管は遮熱・断熱カバーなどで覆うことを原則
養生 10.2.b〜d	給水養生を原則（保水養生は次善の策）	
		給水養生または保水養生のいずれかを行うことを必須とし，打込み当日からの水分の逸散防止に特に注意を払う

［注］※本指針で記述されている節番号等

1.3 用語

本指針に用いる用語は，JASS 5　1.6「用語」によるほか，下記による．
平年値　　　：日平均気温などの気象観測値を平滑化した値．一般に過去30年間の観測値の平均値をKZフィルター〔巻末資料1.を参照〕により平滑化した値が用いられる．暦年の10年ごとに更新され，例えば1981年から2010年の30年間の観測値から求められた値が2011年から2020年にわたって使用される．
平年値〔10年〕：算定を行う直近10年間の測定データを用いて平年値と同様に算定した値．値は毎年更新される．
暑中期　　　：日平均気温の日別平滑値が25.0℃を超える期間．
酷暑期　　　：受入れ時のコンクリート温度が35℃を超える可能性が高くなる，日平均気温の日別平滑値が28.0℃を超える期間．

参考文献

1) 小山智幸，小山田英弘，伊藤是清：暑中コンクリートの現状と対策，コンクリート工学，Vol.50, No.3, pp.239-244, 2012.3
2) 松本侑也，小山智幸，小山田英弘：気候変動下における暑中コンクリート工事適用期間の予測方法，都市・建築学研究，九州大学大学院人間環境学研究院紀要，第24号，pp.117-122, 2013.7
3) 気象庁ホームページ：気象統計観測の解説
　 (http://www.data.jma.go.jp/obd/stats/data/kaisetu/index.htm)

2章　暑中環境におけるコンクリートの諸性質

2.1　総　　則

> 暑中環境で製造・施工されるコンクリートは，主にセメントの水和反応の促進や水分の急激な蒸発によって，品質が大幅に変化する可能性がある．したがって，3章以降の対策選定に先駆けて，暑中環境におけるコンクリートの諸性質の変化を理解しておく．

　本章では3章以降の対策にかかわる具体的な作業に先立ち，主に高温環境によってもたらされるコンクリートの諸性質の変化について詳細な解説を加える．暑中期に施工されるコンクリートの諸性質の変化は水和反応速度・細孔構造と密接な関係にあることを理解することは，暑中環境で製造するコンクリートの対策を実行する上で極めて重要である．

2.2　水和反応に及ぼす温度・水分および化学混和剤の影響

> a．セメントの水和反応は化学反応であるため，水和の進行や水和生成物の物性には特に反応時の温度や水分が影響する．
> b．一般に，温度が高いほど水和反応は促進され水和初期段階での水和率は大きくなる．しかし，長期に至っては水和率の増進は高温ほど小さい．
> c．養生中の水分補給が十分でないと水和反応の進行は妨げられる．
> d．混和剤は，種類，添加率によってセメントの水和反応へ大きく影響を及ぼす．特に遅延形の化学混和剤を使用する場合は，種類，添加率に注意が必要である．
> e．混和材としてフライアッシュ，高炉スラグ微粉末を用いた場合，コンクリートの強度発現性は温度依存性が大きい．
> f．温度や水分はセメントの水和反応や硬化体の空隙構造に違いをもたらすため，コンクリートの凝結・硬化・強度発現等に大きな影響を及ぼす．

　a．セメントは水と接してただちに硬化するものではなく，ある期間可塑的な状態を持続したのち，硬化する．このような現象は，セメントの水和反応に依存している．セメントの水和は，反応の過程から解説図2.1[1)]および解説図2.2[2)]に示されるように大きく3つの期間に分けられる．すなわち，①誘導期では，注水直後きわめて短い期間に$3CaO \cdot SiO_2$(エーライト，C_3S)，$3CaO \cdot Al_2O_3$(アルミネート相，C_3A)，せっこうの加水分解と水和反応により急速な反応が生じるものの，その後の反応は停滞する．②次いで加速期では，主にエーライトの反応が加速的に活発となる．③その後の減速期では水和反応速度は次第に小さくなる．このようにセメントの水和反応は複雑な過程を経て進行し，各種の水和物を生成し，セメント硬化体としての組織を形成していく．

　通常のコンクリート中で起こるポルトランドセメントと水との反応式は，解説図2.3[3)]のようにまとめられる．この図は，ポルトランドセメントのそれぞれの鉱物から最終的にどのような水和物が生成するかを示したものであるが，実際にはこの反応過程にはいくつかの反応段階があり，段階に応じて生成する水和物の組成が異なる．

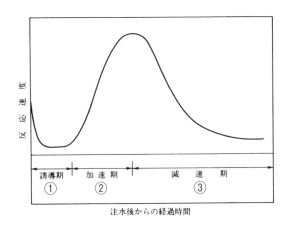

解説図 2.1 セメントの水和反応過程の分類 [1]

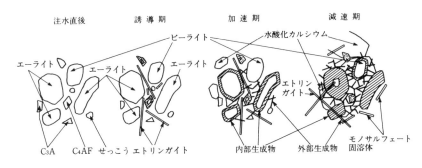

解説図 2.2 セメントの水和反応の模式図 [2]

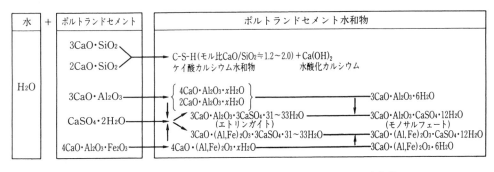

解説図 2.3 ポルトランドセメントの水和反応と生成物 [3]

解説図2.4 [4] は，セメントの水和反応の過程を3段階に分けて解説図2.3に示した各反応による生成物の種類と量を経時的に示したものである．セメントに水を加えた直後の第1段階（誘導期，休止期間）では，セメント中から酸化カルシウム（CaO），せっこう（$CaSO_4 \cdot 2H_2O$），少量の酸化ケイ素（SiO_2），酸化アルミニウム（Al_2O_3），酸化第2鉄（Fe_2O_3）が溶出し，まず最初の生成物としてエトリンガイト（$3CaO \cdot Al_2O_3 \cdot 3CaSO_4 \cdot 32H_2O$）と水酸化カルシウム（$Ca(OH)_2$）が生成する．第2段階は凝結過程で，エトリンガイトの生成の継続とモノサルフェート（$3CaO \cdot Al_2O_3 \cdot CaSO_4 \cdot 12H_2O$）への転化，C-S-H（ケ

イ酸カルシウム水和物）の析出が起きる．C-S-Hは微細な組織で，エトリンガイトとともに粒子を相互に結合し，水和組織の基本構造を形成する．第3段階（硬化過程）では水和が十分に進み，細孔容積は減少し，硬化体組織は緻密になる．このような過程を経て生成される水和物の生成量は時間の経過とともに増大し，およそ1か月でほぼ一定となる．コンクリート硬化体もこれに支配されながら準安定な組織状態になり強度を発現してゆき，以降の強度増進性は小さくなる．したがって，コンクリートの強度が出るか出ないか，それが強いか否かはおよそ1か月までのセメントの水和反応過程に支配される．それゆえ，この間の反応のコントロールが極めて重要となる．

以上のように，注水後から複雑な過程を経る水和反応は化学反応であることから，水和の進行や水和生成物の物性には，以下のb，cに示すように特に反応時の温度や養生中の水分が大きく影響を及ぼす．

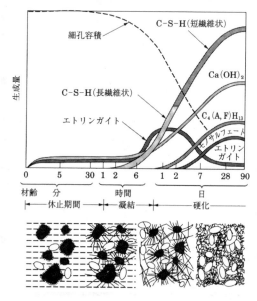

解説図2.4 水和反応に伴う生成物量の変化と硬化組織の変化[4]

b．セメントの水和はセメント粒子の表面とその近傍で起こるため，反応の速さは溶解，拡散，析出の速さによって決まる．そして，溶解，拡散および析出の速さは温度に大きく支配されるため，結局，セメントの水和反応の速さは温度によって大きく変化し，反応の段階によって違った影響を受けることになる．セメントの水和反応は，a に示したように①，②凝結・硬化の初期段階を含む材齢1日以内の初期反応と，③硬化の発達段階を含む後期反応との2つに分けて温度の影響について考えることができる．

初期反応についてその指標の一つになる初期水和発熱速度の変化の一例を解説図2.5[5]に示す．この図は，普通ポルトランドセメントの養生温度を 20℃から 60℃まで変化させ水和させた場合の材齢1日までの水和発熱速度の変化を示したものである．この図から初期水和への温度の影響は主に次のようであることがわかる．すなわち，高温ほど

1）最初の水和発熱速度が大きくなる

2) 誘導期の発熱速度が大きくなり,その期間が短縮される
3) 加速期の水和発熱速度が大きくなり,そのピーク出現時期が早くなる
4) 減速期以降の発熱速度が著しく低下する

このように,温度の影響は加速期段階の水和に最も大きく現れる.そして解説図 2.6[6]にみられるように,セメントの初期水和段階における温度は,ポルトランドセメントの水和および硬化体の強度を最も支配するエーライトの加速期の反応に大きく影響を及ぼし,後述する凝結・硬化と初期強度の発現に大きく影響を及ぼすことになる.

一方,後期反応においては,水和反応の速さは材齢の経過とともに低下し続ける.一般的に,エーライトの水和は,初期段階では高温ほど速く進むが,材齢の進行につれて,逆に高温ほど水和反応の進行が鈍化し,高温ほど強度の増進が小さくなる傾向を示す.

この典型的な測定例を解説図2.7[7]に示す.水和反応の進行が鈍化する理由として,高温の促進反応によって生成した組織は厚い水和物層としてセメント粒子を早く包んでしまい,粒子内部の水和反応が阻害されるためという説や,高温によって内部水和物が著しく緻密化し以後の水和反応速度を低下させるためとの説もある.このような現象からすれば,初期反応時の温度は長期材齢下におけるコンクリートの強度増進性に影響を及ぼすことになる.

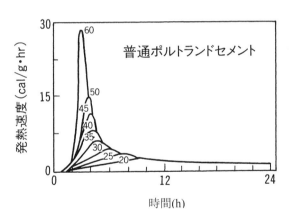

解説図 2.5 普通ポルトランドセメントの初期水和発熱速度 [5]

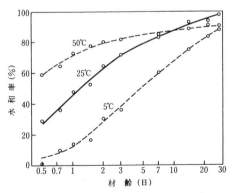

解説図 2.6 普通ポルトランドセメント中のエーライト反応率の温度依存性 [6]

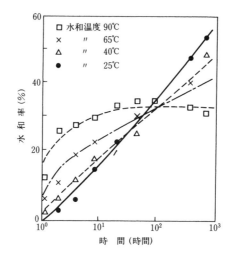

解説図 2.7 1-1000 時間におけるエーライト反応率[7]

c．セメントの水和反応には，上記bで述べた水和温度の影響のほかに養生中の水分の影響も大きい．すなわち，水和反応の進行は液相を通してイオンが移動することによって起こることから，養生中の水分が十分でないと水和反応の進行は低下し，硬化体組織の構造に違いを生じさせる．組織構造の指標の一つであるセメント硬化体の細孔径分布について，養生中の水分が及ぼす影響の一例を解説図2.8[8]に示す．この図は水中養生と気中養生の場合を比較したもので，水分補給が十分でない気中養生の場合，細孔径分布の細孔半径は大きい方に位置し，全細孔量も多く，材齢進行に伴う細孔量の減少割合も小さいことがわかる．特にコンクリート表層部の脱型後の気中養生では，解説図2.9[9]に示すように表層部の細孔量も多く細孔構造は粗いものとなり，また脱型時間が早ければ早いほど水分は失われ，解説図2.10[10]に示すように内部まで粗い構造をもったものとなる．このように，養生中の水分は硬化体の組織を支配する．

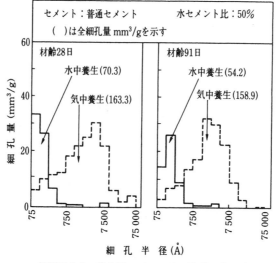

解説図 2.8 養生別のペースト硬化体の細孔径分布[8]

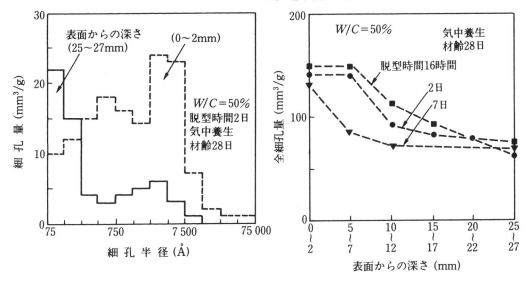

解説図 2.9 気中養生供試体の表層部および内部の細孔径分布 [9]

解説図 2.10 ペースト硬化体の表面から内部への各部分の全細孔量に及ぼす脱型時間の影響 [10]

d．セメントの水和反応に及ぼす混和剤，とくに凝結遅延剤の影響は大きい．凝結遅延剤の作用機構は吸着，沈殿，錯イオン形成，核生成抑制説などが提唱されている．作用機構についてはいまだ不明確な点も多いが，近年，遅延形の化学混和剤の成分として，使用量，用途が増大しているグルコン酸塩系の凝結遅延剤は吸着説に基づいてセメントの水和反応を遅延させていると考えられている．

解説図 2.11 [11] に異なる糖類の凝結遅延剤を等量添加した場合の水和発熱速度の変化を示す．セメントに対して凝結遅延剤を等量添加した場合においても，セメントの始発開始時間（すなわち誘導期の長さ）に大きく差があることに注意が必要である．

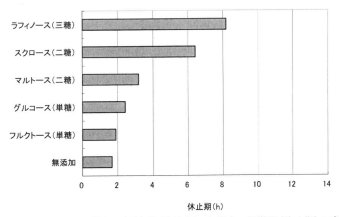

解説図 2.11 異なる糖類の凝結遅延剤を用いた場合の誘導期（休止期）の変化 [11]

解説図 2.12 [12] に凝結遅延剤としてグルコン酸ナトリウムを添加した際の水和発熱速度の変化を示す．グルコン酸ナトリウムを添加すると水和発熱速度曲線のピークが出現する時間は遅くなる．

これは，セメント中のエーライトにグルコン酸ナトリウムが吸着し，エーライトの水和が遅延されるためである．また，添加率が増加するほどその遅れは顕著であることがわかる．このように，凝結遅延剤の添加率がセメントの水和反応へ及ぼす影響は極めて大きいため，凝結遅延剤を使用する場合は，種類，添加率に注意が必要である．

また，解説図 2.13[13]に遅延形減水剤を添加したセメントペーストの水和反応速度の変化を示す．遅延形減水剤を添加すると，水和発熱速度曲線のピークが出現する時期は遅くなる．

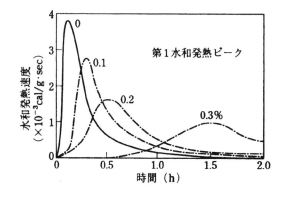

解説図 2.12 セメントの初期水和に及ぼすグルコン酸ナトリウムの影響 [12]

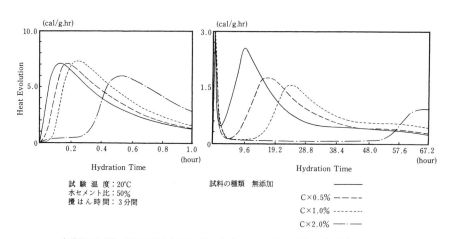

解説図 2.13 遅延形減水剤を添加したセメントの水和発熱速度の変化 [13]

e．フライアッシュおよび高炉スラグ微粉末は，セメントと比較して水和反応速度は小さく，初期強度増進性が低い．特にフライアッシュの場合にはその傾向が顕著である．これは高炉スラグ微粉末の場合は潜在水硬性，フライアッシュの場合はポゾラン反応性とよばれる反応特性を有し，セメントの水和反応によって生成される水酸化カルシウムによって高炉スラグ微粉末，フライアッシュの反応が刺激，促進されるためである．水和発熱量が小さいため，混和材を用いると水和発熱が低下することでコンクリートの温度上昇（とくに断熱温度上昇）を抑制することが可能となる．

f．上記 a.～e. の解説から理解できるように，温度や水分はセメントの水和反応や硬化体の組織構造に相違をもたらす主要因である．したがって，暑中環境におけるコンクリートの高温と養生

中の水分蒸発はコンクリートの諸性質に大きな影響を与えることになる．これらの詳細については，以下の2.3に記述する．

2.3 コンクリートの諸性質の変化

> a．単位水量の増大・空気量の減少
> 　化学混和剤量など他の条件が同じであれば，練上がり温度が高いほど，同一コンシステンシーのコンクリートを得るのに必要な単位水量は多くなる．また，練上がり温度が高くなるほど空気連行性は低下する．
> 　単位水量の増大は乾燥収縮ひび割れの発生やコンクリート表層部の密実性の低下等，コンクリートに発生する欠陥の原因となる可能性がある．また，連行空気量の低下はワーカビリティや凍結融解抵抗性を低下させる原因となる．
> b．時間経過に伴うスランプの低下
> 　コンクリートの温度が高くなるほど時間経過に伴うスランプの低下は大きくなる．スランプの低下はポンパビリティーの悪化や充填性の悪化を招き，打込み欠陥を誘発する原因となる．
> c．運搬中のコンクリート温度の上昇
> 　運搬中の外気温がコンクリートの温度より高い場合は，コンクリートの温度は上昇する．コンクリート温度の上昇は，スランプの低下や凝結・硬化の促進に影響を及ぼす．
> d．打込み後初期の水分の急激な蒸発・ブリーディングの減少・変形能力の低下
> 　湿度が一定の場合，コンクリートの温度が高いほどコンクリート表面からの水分蒸発の速度は大きくなる．これに加えて，ブリーディングが減少するためにコンクリート表層部の乾燥は促進される．一方，ひび割れに対するコンクリートの変形能力は温度が高いほど小さくなる．このような作用は，初期ひび割れの発生に影響を及ぼす．
> e．打込み後初期のコンクリート温度の変化
> 　打込み後初期の外気温の変動は，表面部と中心部との温度差に影響を及ぼす．表面部と中心部との温度差が大きくなると，ひび割れが発生しやすくなる．
> f．凝結・硬化の促進
> 　コンクリートの温度が高いほどセメントの水和反応が促進され，コンクリートの凝結・硬化は早められる．コンクリートの打重ね時間間隔が適切でない場合や打重ね箇所の締固めが不十分な場合には，コールドジョイントの発生が特に顕著となる．
> 　また，凝結・硬化の促進は水分の急激な蒸発と相まって，仕上げのタイミングや仕上げ作業に支障をきたすことにもなる．
> g．初期強度の促進性と長期強度の増進性の低下
> 　温度が高いほど，初期の水和反応が促進されるので初期材齢の強度増進が速くなるが，長期材齢における強度増進性は小さくなる．
> 　また，打込み後初期の水分蒸発が多いほど水和反応の進行が阻害され，強度増進性は低下する．
> h．コンクリート表層部の密実性の低下
> 　単位水量が多いほど，また，水分蒸発量が多いほどコンクリート表層部の密実性は低下する．密実性の低下は耐久性に影響を及ぼすことになる．

　a．解説図2.14[14)]に，種々の温度の材料を各温度・湿度環境下で，化学混和剤を使用しないで練り混ぜた場合の練上がり温度とスランプとの関係を示す．この図は，スランプの温度依存性が極端に大きい一例である．図中の関係式から，練上がり温度が高いほど温度の増加に対するスランプ低下の割合が大きくなることがわかる．例えば，練上がり温度1℃の変化に対するスランプの変化率は，20～25℃の範囲では約0.45cm/K，35℃付近では約1cm/Kである．したがって，同一スランプを得るための必要な単位水量は，高温になるほど増大する．その一例を解説図2.15[15)]に示す．20℃を基準として練上がり温度が10℃高くなると単位水量を1～4％増大させる必要が生じる．高温によ

り単位水量が増大する傾向は，セメントの種類，水セメント比，目標スランプ，化学混和剤の種類などの条件により数値的には異なるが，この傾向は変わらない．高温が単位水量を増大させる要因は，単に物理的理由によるものではなく，コンクリートの練上がり温度が高くなると練混ぜ直後のセメントの水和反応が急激に進行するためである．

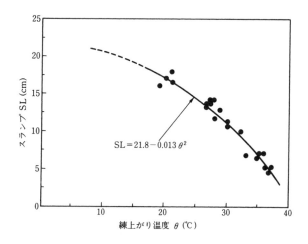

解説図 2.14 練上がり温度とスランプの関係 [14]

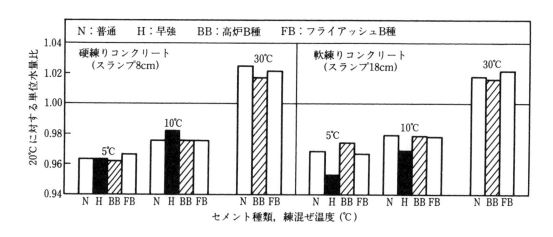

解説図 2.15 セメント種類，練混ぜ温度と単位水量比 [15]

暑中環境下において単位水量を増す必要性がある場合には，単位セメント量も増すことで水セメント比を一定に保ち，強度低下しないように心がけることが重要である．しかし，単位水量を増すことは，乾燥収縮率の増大やひび割れ発生の増大，あるいはコンクリートの表層部の密実性の低下（解説図 2.16[16]），さらには耐久性や水密性の低下につながる可能性があることに注意する必要がある．

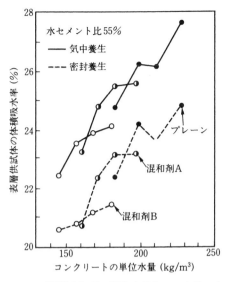

解説図 2.16 単位水量とコンクリート
　　　　　表層部の密実性との関係[16]

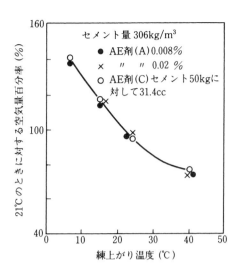

解説図 2.17 練上がり温度の空気量への影響[17]

　解説図 2.17[17]に練上がり温度の空気量への影響を示す．練上がり温度が高くなるほど，空気の連行性は低下する．コンクリート温度20℃の場合を基準として練上がり温度が10℃高くなると，およそ2割ほど空気量は減少する．特に高温下では連行された空気泡は粗大化したり消失したりするなど不安定となりやすい傾向がある．

　b．一般にコンクリート温度が高くなるほど時間経過に伴うスランプの低下は大きくなる．その一例として，解説図2.18[18]には恒温実験室内における練置き時間とスランプの関係を，また，解説図2.19[19]にはトラックアジテータによる経過時間とスランプ，空気量との関係を示す．概して，コンクリート温度が30℃程度の高温になるとスランプの低下が著しくなる．このようなスランプの低下は，セメントの水和反応による水和生成物の生成，水和反応初期のレオロジー特性変化，連行空気量の減少，水分蒸発などが原因となるといわれている．

　スランプの低下は，それが過大となるとポンパビリティーの悪化やコンクリートの充填性の悪化を招き，打込み欠陥を誘発しやすくなる．また，運搬中のスランプの低下を見込んだ調合では単位水量の増大を招き，それが過大になると2.3.aで述べたようなコンクリートの品質低下につながる．

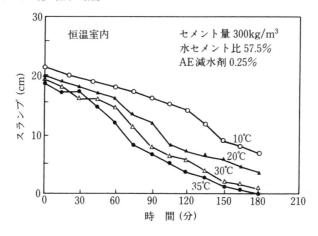

解説図 2.18　スランプの経時変化（恒温室内実験）[18]

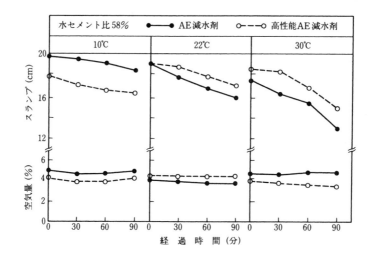

解説図 2.19　スランプ，空気量の経時変化（トラックアジテータによる）[19]

　スランプの低下の防止対策としては，遅延形の AE 減水剤や高性能 AE 減水剤でスランプの低下を低減させる方法が一般的である．解説図 2.20[20] に示すように，高性能 AE 減水剤を使用することによって高温条件下においてもスランプを保持することが可能である．また解説図 2.21[21] に流動化コンクリートの一例を示したが，概して遅延形を用いたもののスランプの経時変化は小さいことがわかる．

2章 暑中環境におけるコンクリートの諸性質 — 31 —

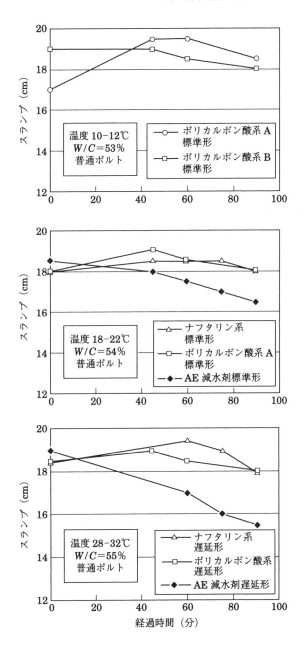

解説図 2.20 実機におけるスランプの経時変化（高性能 AE 減水剤使用）[20]

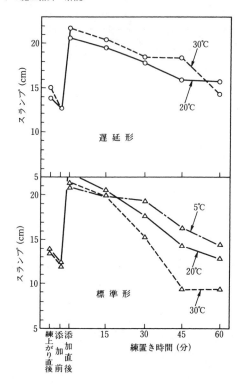

解説図 2.21 温度別のスランプの経時変化（流動化剤使用）[21]

c．運搬中のコンクリート温度の変化は，この間のスランプ低下や打込み時のコンクリート温度に影響を及ぼす．一般に練上がり温度より外気温が高い場合は，運搬中のコンクリート温度は上昇する．すなわち，解説図 2.22[22] に示されるように，運搬中のコンクリート温度は運搬時の気温および輸送時間の影響を受け，時間の経過に伴って外気温に漸近するように変化する．この現象は，練混ぜ後の運搬中の期間が概してセメントの水和反応の誘導期に対応することから〔解説図 2.1 参照〕，水和発熱の影響よりも外気温に支配されていることによる．

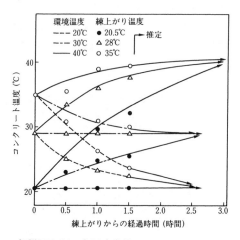

解説図 2.22 各温度条件下でのコンクリート温度[22]

d．解説図2.23[24]は，床部材を想定した試験体厚10cmのモルタル試料による水分蒸発速度を示しているが，湿度が一定の場合，外気温が高いほど表面からの水分蒸発速度は大きくなる傾向がみられる．

また，打込み後2～3時間までは練上がり時の温度が高いほど水分蒸発速度は大きな値を示す．低湿度や風が作用すると水分蒸発速度はさらに大きくなる．しかも，解説図2.24[25]に示すように，コンクリート温度が高いほどブリーディングが減少する．このためコンクリート表層部の乾燥は一段と促進される．

一方，ひび割れに対するコンクリートの変形能力は，解説図2.25[26]に示すように水分蒸発速度がピークを迎えるのとほぼ同時期に最小となり，また温度が高いほど小さくなる．

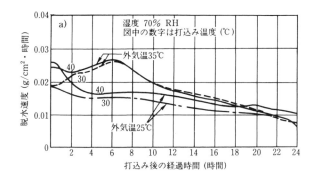

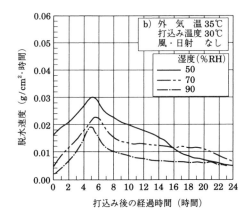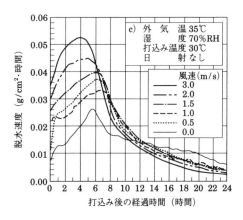

解説図2.23 モルタルの水分蒸発速度の経時変化[24]

このように，打込み直後の水分蒸発が著しい場合には，コンクリートの上面が早く乾燥するため，プラスチック収縮ひび割れと呼ばれる初期乾燥ひび割れの発生の危険性が高まる〔解説写真2.1〕

以上のことから，暑中環境では，水分蒸発の防止と湿潤養生が重要となる．

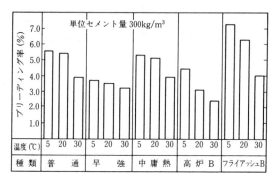

解説図 2.24 各種セメントの温度別のブリーディング[25]

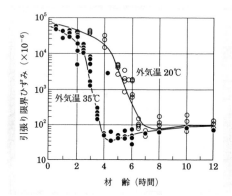

解説図 2.25 コンクリートの引張り変形能力の経時変化[26]

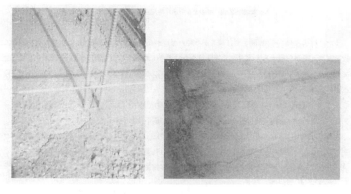

解説写真 2.1 プラスチック収縮ひび割れ

e．打込み後初期のコンクリート温度に影響を及ぼす主な要因として，外気温，水和反応による発熱および水分蒸発による吸熱があげられる．このような作用により，コンクリートの表層部と中心部との間に温度差が生じる．この一例を解説図2.26[27]に示す．この図は，床部材を想定した試験体厚 10cm のモルタル試料による打込み後の表層部と中心部の温度差の経時変化を示したものである．表層部と中心部の間の温度差に極大値が認められ，その時期は，概してセメントの水和反応の加速期に相当している．また，練上がり温度の影響は，打込後数時間を除けば小さい．したがって，打込み後初期のコンクリートは，外気温が高いほど，打込み後短時間の間に急激な温度履歴を受け

ることになる．また，この時期に d に示したコンクリートの変形能力も最も小さくなることから，条件によっては初期ひび割れが発生しやすくなる．

　一方，マッシブなコンクリート部材の場合には，セメントの水和反応が自己水和熱の影響が加わることによって一段と促進され，これに伴ってコンクリート内部温度の上昇は極めて大きくなる．さらに，内部の蓄熱によって高温期が長く続く．この影響を解説図 2.27[28)]に示す．打込み温度 30℃の場合，20℃の場合に比べ温度上昇が速く，最高温度も高いことがわかる．この種のコンクリートは，概して温度上昇による最高温度が高いほど，温度下降時の収縮によって温度差に起因するひび割れが生じやすいとされている．解説図 2.28[29)]にその調査事例を示したが，高温期の施工は，温度差に起因するひび割れが発生しやすいことがわかる．

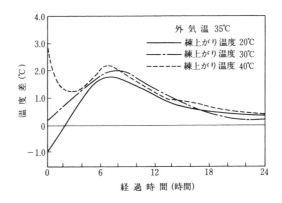

解説図 2.26 表層部と中心部の温度差[27)]

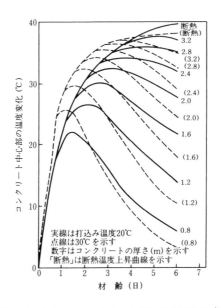

解説図 2.27 厚さ 0.8～3.2m のコンクリート中心における温度変化（計算値）[28)]

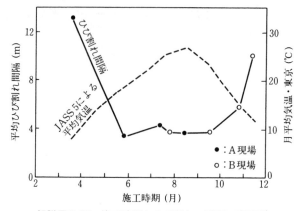

解説図 2.28 施工時期とひび割れの間隔の関係[29]

f．コンクリートの凝結・硬化過程の指標の一つである貫入抵抗値の経時変化は，解説図 2.29[29] に示されるように積算温度に支配される．このことは凝結の期間〔貫入抵抗値およそ 0.67N/mm² (100psi) が得られるまでの期間〕が 2.2.a で述べたセメントの水和反応の誘導期〔解説図 2.1 参照〕に対応し，その期間の長短が温度に支配されていることによる．したがって，コンクリートの温度が高いほどセメントの水和反応における誘導期は短縮され，コンクリートの凝結は早められて，それに次ぐ硬化が開始する時期が早められる．その典型的な測定例を解説図 2.30[29] に示す．例えば一定貫入抵抗値に達するまでの時間は，20℃の場合と比べると 30℃ではおよそ 20%，40℃では 35% 程度短縮される．また，解説表 2.1[30] にみられるように，セメントの種類や調合が異なる場合でもこのような傾向は変わらない．したがって，高温時に上記の温度の影響を考慮しないと打重ね部のコンクリートの凝結が進行し，新旧コンクリートの打重ね面の一体性は失われ，コールドジョイントが生じる危険性がある．このための指標の一つとなる養生温度と打込み継続中における打重ね許容時間との関係の一例を解説図 2.31[31] に示す．

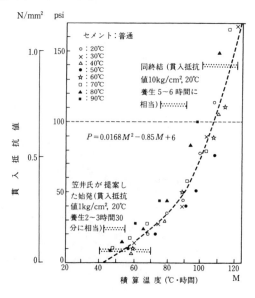

解説図 2.29 積算時間と 0.67N/mm² 以前の貫入抵抗値との関係[29]

また，凝結・硬化の促進は水分の急激な蒸発と相まって，仕上げ作業に支障をきたすことにもなる．解説図2.32に，遅延形混和剤の使用による凝結性状の一例を示す．適切な用法によって，高温時のコンクリートの凝結・硬化の制御は可能であることがわかる．

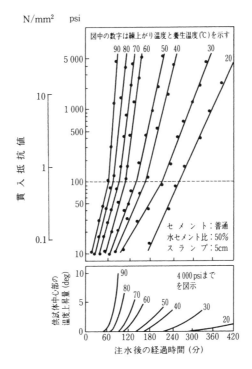

解説図 2.30 貫入抵抗値および温度上昇量の温度別の測定結果[29]

解説表 2.1 20℃を基準としたコンクリート終結時間の比較[30]

種 別*	20℃に対する百分率（％）				20℃との差（時-分）			
	5℃	10℃	20℃	30℃	5℃	10℃	20℃	30℃
N 250	306	181	100	74	+18-30	+7-15	0	-2-20
N 300	285	173	100	71	+16-05	+6-20	0	-2-30
N 350	287	183	100	74	+14-50	+6-35	0	-2-05
H 300	275	188	100	74	+13-40	+6-55	0	-2-00
BB 300	303	191	100	76	+17-45	+8-00	0	-2-05
FB 300	279	179	100	73	+17-00	+7-30	0	-2-35

［注］ ※ N：普通，H：早強，BB：高炉B種，FB：フライアッシュB種
数字は単位セメント量（kg/m³）

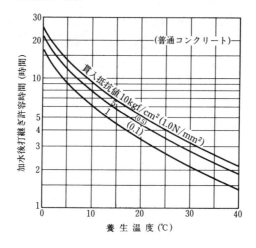

解説図 2.31 養生温度と加水後打重ね許容時間との関係 [31]

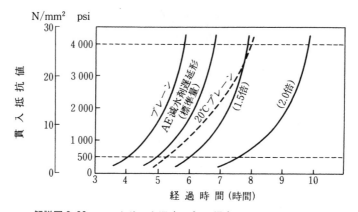

解説図 2.32 コンクリート温度 30℃の場合のコンクリートの凝結の一例 [32]

g. 温度と強度発現性との関係性を整理した基礎的実験研究は数多くみられ，その結果の一例を解説図2.33[30]，解説図2.34[33]および解説図2.35[34]に示す．

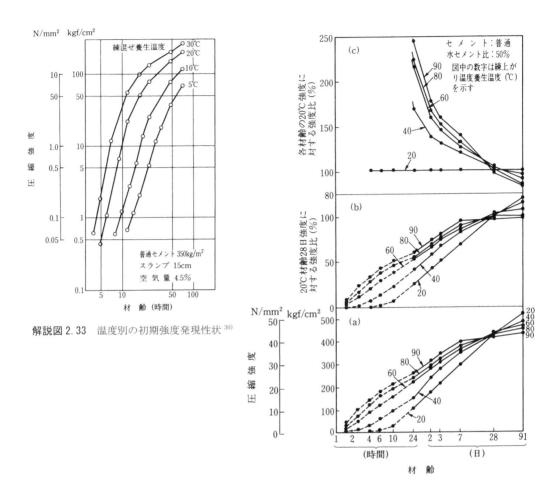

解説図2.33 温度別の初期強度発現性状[30]

解説図2.34 温度別の強度発現性状[33]

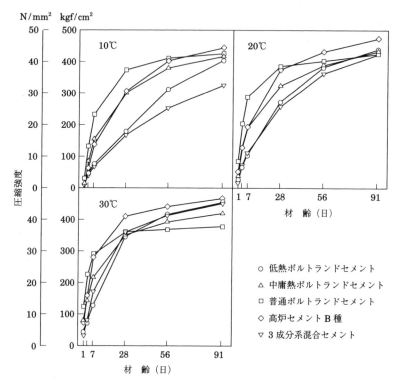

解説図 2.35 セメント種,温度別の強度発現性状 [34)]

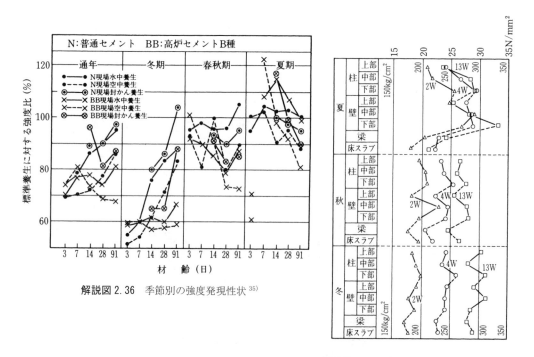

解説図 2.36 季節別の強度発現性状 [35)]

解説図 2.37 各部材のコア強度の変化 [36)]

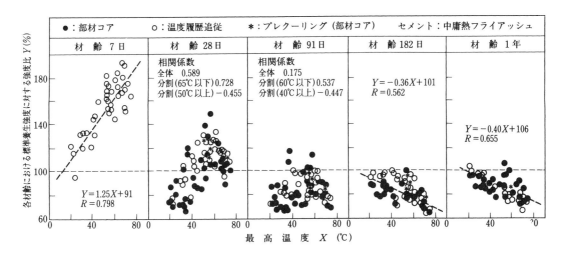

解説図 2.38 マッシブなコンクリートの強度発現傾向[37]

　これらから，温度によって強度発現性が異なることがわかる．すなわち，高温ほど初期材齢での強度は増加する一方で，長期材齢での強度増進性は低下する．このような傾向は，実際の工事の季節別，部材部位間別のコンクリートやマッシブなコンクリートにおいても認められている．その一例を解説図 2.36[35]，解説図 2.37[36] および解説図 2.38[37] に示す．いずれも水和温度条件下でのセメントの水和反応過程の相違によるもので，2.2 に述べたことに関係している．

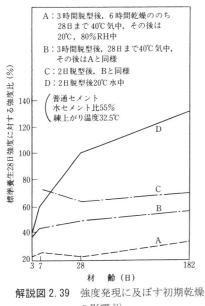

解説図 2.39 強度発現に及ぼす初期乾燥の影響[31]

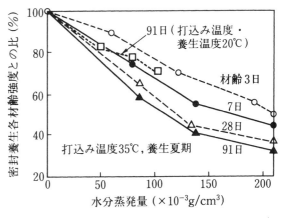

解説図 2.40 水分蒸発が強度発現に及ぼす影響[38]

強度発現性には上述の影響のほかに，初期の急激な乾燥により水和反応が阻害され，強度増進性が低下する場合もある．その一例を解説図2.39[31]，解説図2.40[38]に示す．水分蒸発量が多いほど水和反応の進行が阻害され，強度増進性が低下していることがわかる．

以上のことから，強度発現には適切な湿潤養生が不可欠であるといえ，適切な養生方法を見出すための実験例も報告されている．解説図2.41[39]はその一例であり，床スラブの水張り養生に関して，その養生開始時点と継続時間が強度に及ぼす影響を示している．また，温度別の水中養生開始時期とその期間の指標を提示したものもみられる〔解説図2.42[40]参照〕．これらの図から，打込み直後からの養生開始は，コンクリートの強度発現においてむしろ逆効果であることが考察できる．

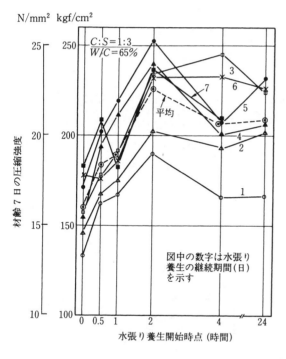

解説図2.41 水張り養生条件と圧縮強度（バクダッドにおける暑中野外試験）[39]

解説図2.42 水中養生期間の一指標[40]

h．高温時のコンクリートの品質変動において，単位水量が多いほど，また水分蒸発量が多いほどコンクリート表層部の密実性が低下することをaおよびgで述べた〔解説図2.10，2.16，2.40参照〕．このようなコンクリートの表層部の密実性の低下は，例えば解説図2.43[41]や解説図2.44[42]に示されるように炭酸ガスの侵入を容易にし，中性化を促進するなど，耐久性の低下に影響を及ぼすことになる．

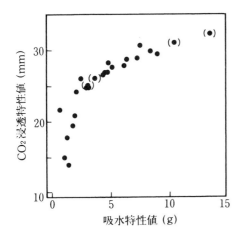 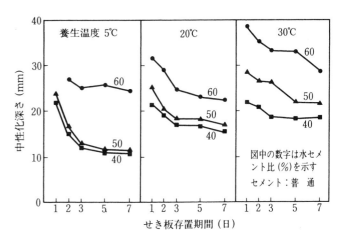

解説図 2.43 コンクリート表層部の密実性の一指標となる吸水特性値と CO_2 浸透特性値との関係（野外試験）[41]

解説図 2.44 せき板存置期間と中性化深さの関係（促進中性化試験）[42]

参 考 文 献

1) セメント協会編：わかりやすいセメント科学，p.37, 1993
2) 山田順治：わかりやすいセメントとコンクリートの知識，p.49, 鹿島出版会，1976
3) セメント協会編：セメントの常識，1989
4) Richartz W. F. W. Locher: Zement-Kalk-Gips, Vol. 18, p. 449, 1974
5) セメント協会編：C3 クリップボード，p.38
6) Copeland L. E. D. L. Kantro : Proc. of 5th Interna'l Symp. on Chemistry of Cement, Tokyo, Vol. II, p. 387, 1986
7) Vito A. R. Gerado. C. M. Collepard: Cement and Concrete Research, Vol. 4, p. 297, 1974［地濃 抄訳：コンクリート工学，Vol. 13, No. 1, p. 72, 1975］
8) 地濃茂雄：コンクリートの凝結硬化および強度発現性状およぼす温度履歴条件の影響，東京工業大学学位論文，p.159, 1983
9) 地濃茂雄，仕入豊和：コンクリート表層部その養生条件と細孔構造，セメント，コンクリート，No.468, p.14, 1986
10) 地濃茂雄，仕入豊和：コンクリート表層部その養生条件と細孔構造，セメント，コンクリート，No.468, p.15, 1986
11) 斉藤忠：有機系および無機系材料を用いたコンクリートの凝結遅延に関する研究，岡山大学博士論文，2014
12) 竹内徹，長瀧重義：超遅延剤を用いたコンクリートの特性，コンクリート工学，Vol. 37, No. 11, p. 13, 1999.11
13) 高田誠，岡沢智，松尾茂美，阿合延明：超遅延性減水剤の凝結遅延機構と性能評価―ポゾリス No.89 について― エヌエムビー研究所報，p57-67, No.9, 1992
14) Y.Matsufuji, V.Sampebulu, T.Ohkubo, S.Harada : Workability Characteristic of Fresh Concrete Mixed and Agitated in High Temperature Ambience, コンクリート工学年次論文報告集，10-2, p.815, 1988
15) セメント協会コンクリート専門委員会：最近のセメントによるコンクリートの初期強度に関する研究，

セメント，コンクリート，No. 481, p. 42, 1987

16) 三上貴正, 地濃茂雄ほか：コンクリート表層部モルタル密実性に及ぼす単位水量の影響, 日本建築学会構造系論文報告集，第 392 号, p. 29, 1988
17) 武田昭彦：暑中の生コンクリート，コンクリートジャーナル，Vol. 4, No. 6, 1966
18) 服部健一：スランプロスのメカニズムおよびその対策, 材料, Vol. 29, No. 318, 1990
19) 米地啓ほか：スランプロスの少ない高性能 AE 減水剤を用いたコンクリートの性状, セメント技術年報 36, p. 307, 1982
20) コンクリート用化学混和剤協会：高性能 AE 減水剤について, 1999.11
21) 嵩英雄ほか：各種高流動化剤を用いた高流動コンクリートのワーカビリチーについて，セメント技術年報 32, p. 341, 1978
22) 松藤泰典, 大久保孝昭：暑中環境下で製造, 運搬されるコンクリートの温度推定, 日本建築学会大会学術講演梗概集, pp251-252, 1989
23) 日本建築学会材料施工委員会：暑中コンクリートの小委員会資料（大久保孝昭）, 1991, 12
24) 小山智幸：グリーンコンクリートの暑中性状に関する研究, 九州大学学位論文, 1999
25) 大塩明ほか：各種セメントを用いたコンクリートの基礎的諸性質, セメント技術年報 42, pp. 180-183, 1988
26) 松藤泰典, 小山智幸, 杉田均：グリーンコンクリートの引っ張り限界ひずみの定式化に関する研究, 日本建築学会大会学術講演梗概集, pp. 423-424, 1999.9
27) 松藤泰典, 森永繁, 大久保孝昭ほか：暑中環境下で打設されるコンクリートの初期ひびわれに関する研究, 日本建築学会大会学術講演梗概集, p. 276, 1990.9
28) 塚山隆一：暑中コンクリートの温度ひびわれ, コンクリートジャーナル, Vol. 4, No6, 1966
29) 仕入豊和, 地濃茂雄：コンクリートの凝結, 硬化に及ぼす温度条件(20〜90℃)の影響, 日本建築学会構造系論文報告集, 第 313 号, pp. 1-11, 1982
30) 秩父セメント：コンクリートの凝結及び初期強度に関する試験例, コンクリートニュース, No. 6, pp. 1-7, 1984
31) 笠井芳夫：コンクリートの初期強度初期養生に関する研究, 日本大学学位論文, 1968
32) 日本建築学会：コンクリート用表面活性剤使用指針案, 同解説, 1978
33) 地濃茂雄, 仕入豊和：コンクリートの強度発現性状におよぼす温度履歴条件（20〜90℃）の影響, 日本建築学会論文報告集，第 337 号, p. 9, 1984.3
34) 原田宏ほか：低熱ポルトランドセメントを用いたコンクリートの特性とマスコンクリートへの適用, セメント, コンクリート論文集, No. 47, pp. 326-331, 1993
35) 住友秋田技術会：普通セメントおよび高炉セメント B 種を使用したコンクリートの通年における強度発現状況, セメント, コンクリート, No. 493, p. 59, 1988
36) SCCS 研究グループ：構造物躯体コンクリートの強度管理に関する研究(その 2), 大林組技術研究所報, No. 16, p. 102, 1978
37) 地濃茂雄, 杉山央：マッシブなコンクリートの強度発現傾向：セメントの水和熱の蓄積による高温履歴の影響, 日本建築学会構造系論文報告集, 第 436 号, pp. 1-12, 1992.6
38) 地濃茂雄：暑中コンクリートの強度発現性, 日本建築学会大会学術講演梗概集, p. 580, 1991
39) 野萱勝久, 森永繁：暑中コンクリートの養生方法に関する一考察, 日本建築学会大会学術講演梗概集, p. 316, 1982.9
40) S. Morinaga : Report on Curing Method in Hot Climates (part II), RILEM TECHNICAL COMMITTEE94-CHC "CONCRETE IN HOT CLIMATES", p. 23, 1989
41) 後藤和正, 三上貴正, 地濃茂雄ほか：浸透性からみたコンクリート表層部モルタルの密実性に関する研究, 日本建築学会大会学術講演梗概集, p. 166, 1990.9
42) 和泉意登志, 河田秋澄：せき板の存置期間および初期養生がコンクリートの品質に及ぼす影響(その 12), 日本建築学会大会学術講演梗概集, p. 573, 1991.9

3章　設計・施工計画

3.1　総　　則

> a．暑中コンクリート工事にあたっては，一般に，外気温が上昇した場合に発生しやすいといわれている不具合とその発生原因を十分検討して，対策を行う．
> b．暑中コンクリート工事にあたっては，設計段階および施工段階において，十分な事前協議に基づき対策を行う．
> c．受入れ時のコンクリート温度は35℃以下を原則とする．
> d．受入れ時のコンクリート温度の上限値を 38℃とする場合には，コンクリートの性能が低下しないような適切な対策を採り，試し練りにより性能を確認する．

a．暑中コンクリート工事においては，外気温が高いことや日射の影響でコンクリート温度が高くなることによって，解説表 3.1 に示すような種々の不具合が発生しやすい．最終的なコンクリート品質の低下は，構造耐力の低下，耐久性の低下および美観の低下であるが，これらの結果を生み出す要因は極めて広範囲にわたり，その数も多い．暑中コンクリート工事にあたっては，これらの不具合と発生原因を十分に検討して対策を行う必要がある．対策の概要を解説表 3.1 に示したが，具体的な対策は 4 章以降を参考として行えばよい．

b．暑中コンクリート工事において，不具合を発生させる要因は非常に広範囲にわたっていることから，発注者，設計者・工事監理者，施工者およびレディーミクストコンクリート工場の事前協議が重要となる．設計段階の事前協議は，発注者と設計者の間で行われ，発注者の了解が得られた対策が特記仕様書に盛り込まれることになる．

また，工事が着手されてからの事前協議は，主として設計者・工事監理者と施工者の間で行われることになる．その際にレディーミクストコンクリート工場も交えて事前協議を行うことが望ましい．事前協議は，資料 3 に示す内容を参考にして行い，受入れ時のコンクリート温度が 35℃を超える可能性があるかどうかも含めて検討を行う．

c．受入れ時のコンクリート温度は 35℃以下を原則とする．受入れ時のコンクリート温度が 35℃を超える可能性が高くなる日にコンクリート工事が行われる場合には，35℃を超えないように材料や調合を変更したり，材料やコンクリートを冷却したりする対策を講じる必要がある．それらの方法については，工事監理者の承認を受ける．

d．近年，わが国においては各地の外気温は高くなる傾向にあり，c．による対策を講じても，受入れ時のコンクリート温度が 35℃を超えることが避けられない事態も予想される．これに備えて，材料や調合の見直し，施工時間の短縮，養生期間の延長などにより，コンクリートの施工性の確保，構造体コンクリートの品質確保に対する方策を工事監理者と講じておく．

近年，種々の実機実験で，適切な対策を講じることにより，受入れ時のコンクリート温度が38℃程度までであれば，35℃の場合と比べて極端な性能低下が生じないことが示されている[1]．しかし，

解説表 3.1 暑中環境におけるコンクリート工事の諸問題と対策

	不具合事項		対　策		備　考
	大項目	小項目	設　計	施　工	
1	コンクリート温度の上昇	・コンクリートの返却・廃棄 ・打込みの中止	適切な材料選定・調合計画・施工計画の設定		受入れ時温度の上限値の設定など
			－	材料温度の抑制（水・骨材・セメント）	
			－	運搬時間の短縮	
			－	夜間・早朝の打込みの検討	
			－	トラックアジテータの遮熱・断熱対策，散水対策	
			－	トラックアジテータの待機場所（日陰）の確保	
			－	トラックアジテータの配車間隔調整	
			－	適切な打込み計画書の作成	
		・強度の低下	構造体強度補正値の適切な設定		$_{28}S_{91}$=6N/mm²
			低発熱形セメント・混合セメントの使用		
		・品質のばらつき	適切な受入検査の項目と頻度の設定		
		・耐久性の低下	せき板の存置期間の適切な設定		初期乾燥の防止
2	施工性の低下	・ワーカビリティーの低下	目標スランプの適切な設定		原則 21 cm
			遅延形混和剤の使用		スランプ保持の目標設定
		・充填不良 ・豆板の発生	－	分離打込みの検討	
			複雑な配筋の回避		
			プレキャスト化の検討		
		・ポンパビリティーの低下 ・配管の閉塞	－	コンクリートのポンパビリティーの確保	適切な細骨材率などの設定
			－	ポンプの圧送能力を高める	
			－	輸送管径の変更	
			－	輸送管の遮熱・断熱	
3	早期凝結	・コールドジョイントの発生	スランプの保持性能が高いコンクリートとするための材料選定・調合計画		貫入抵抗値の目標設定
			－	打重ね時間間隔の適切な設定	
			－	打込み工区の大きさと打込み順序の適切な設定	
4	コンクリート上面の早期乾燥	・こて仕上げの作業性の低下 ・プラスチック収縮ひび割れの発生 ・上面の品質低下	施工性と耐久性に配慮した適切な単位水量の設定		適度な施工性とブリーディング量の確保
			水分逸散防止策の検討		散水養生，シート養生，養生剤散布
			－	適切な施工方法の検討	モノリシック仕上げの採用など
5	その他	・ひび割れの発生	コンクリートの乾燥収縮率の抑制		収縮低減タイプの混和剤・膨張材
		・供試体の強度不足	－	供試体採取直後の養生場所の確保	直射日光・高温を避ける
			予備供試体の採取		現場封かん養生供試体の採取

これを超えた範囲での検討は少ないことから，本項により対策を講じる場合でも，受入れ時のコンクリート温度は38℃を上限とし，その後の打込みまでの温度上昇を極力防止すべきである．

コンクリートの性能が低下しないような適切な対策の例として，本会近畿支部「暑中コンクリート工事における対策マニュアル2018」[1]では，下記の適用条件を満足した場合には，荷卸し時のコンクリート温度を38℃以下としてもよいこととしているので参考にするとよい．なお，下記の条件は，前記マニュアルのために近畿支部で行われた実験範囲を基に設定されており，必ずしも条件に合致しないものが対策として適さないわけではない．したがって，下記の条件を満足できない場合でも，室内または実機による実験により，所要の性能が得られることとした．

(1) 受入れ時のコンクリート温度が35℃を超えるような環境下での，スランプの経時変化や貫入抵抗値等のデータを有していること．
(2) 遅延形の混和剤を使用していること．
(3) 普通ポルトランドセメントまたは高炉セメントB種を使用していること．
(4) 単位セメント量は315kg/m^{3}以上，水セメント比は57%以下であること．
(5) 指定スランプはAE減水剤を使用する場合は15cm以上，高性能AE減水剤を使用する場合には18cm以上であること，ただし，高性能AE減水剤を使用したスランプ21cmを推奨する．
(6) 混和剤の使用量が，性能を満足させる量を確保していること．
(7) 適切な施工管理が行われること．

3.2 設計段階における暑中対策

> a．設計段階では，設計図書に暑中コンクリート工事に必要な対策を示し，適切な予算措置を行う．特に，受入れ時のコンクリート温度が35℃を超えることが予想される酷暑期にコンクリート工事が行われる場合には，設計段階での暑中対策をより入念に講じる．
> b．受入れ時のコンクリートの目標スランプは21cmを原則とする．ただし，酷暑期以外の暑中期においては，信頼できる資料に基づいて次の1) 2)の項目を達成できると判断した場合，酷暑期においては，次の1) 2)の項目を実験に基づいて達成できると判断した場合に，目標スランプの値を小さく定めることができる．
> 　1) 型枠の隅々までコンクリートを問題なく打ち込むことができること．
> 　2) 打重ねによるコンクリートの一体性に問題が生じないこと．
> c．化学混和剤は遅延形の高性能AE減水剤とする．ただし，酷暑期以外の暑中期においては，信頼できる資料に基づいて次の1) 2)の項目を達成できると判断した場合，酷暑期においては，次の1) 2)の項目を実験に基づいて達成できると判断した場合に，その他の化学混和剤を承認することができる．
> 　1) 型枠の隅々までコンクリートを問題なく打ち込むことができること．
> 　2) 打重ねによるコンクリートの一体性に問題が生じないこと．
> d．暑中期に施工されるコンクリートは，プラスチック収縮ひび割れ対策についても十分な配慮を行い，必要に応じて養生剤の使用などを検討する．また，酷暑期においては，使用するコンクリートの乾燥収縮率の目標値を8×10^{-4}以下とし，そのための対策を講じる．

　a．暑中期に施工されるコンクリートにおいては，日平均気温の平年値が25℃を超える高温に，低湿度，強風，強い日射などが重なることにより，コンクリートの品質が損なわれる．酷暑期になると，その傾向はさらに顕著になる．したがって，コンクリート工事がこれらの時期，とくに酷暑期に行われる可能性がある場合には，予算措置を含めて，設計の段階で暑中コンクリート対策を盛り込むことは重要である．また，工事着手後は，3.3「施工段階における暑中対策」の内容を施工者と協議しながら設定する．

　工事の各段階に応じた対策案を立案するには，解説表3.1を参考に検討を行うことが望ましい．設計段階における暑中コンクリート対策は，基本的には，コンクリートの打込み・締固めが十分にできるような部材・納まりの設計を行うこと，通常の打込み・締固めが困難である場合には垂直・水平分離打込みやプレキャスト化の採用を検討すること，あるいは遅延形の混和剤や低発熱系のセメントの採用を検討することなどである．これらが設計段階で計画に折り込まれていれば，その後の施工計画を円滑に進めることができる．

　受入れ時のコンクリート温度が35℃を超えることが予想される酷暑期にコンクリート工事が行われる場合には，下記項目について検討を行い，必要に応じて設計図書に反映させる必要がある．

　(1)　適用期間
　(2)　適用範囲
　(3)　混和剤の選定
　(4)　スランプおよび水セメント比の最大値の選定
　(5)　構造体強度補正値 $_mS_n$ の設定
　(6)　単位水量の最大値の設定
　(7)　単位セメント量および化学混和剤添加率の最小値の設定

(8) コンクリートの圧縮強度，耐久性の確認
(9) 試し練り計画（フレッシュコンクリートの性状，スランプの低下量，凝結特性など）
(10) 適切な施工管理（養生方法など）

(1) 適用期間

本指針では，受入れ時のコンクリート温度が35℃を超える可能性が高い期間として，過去10年間の日平均気温の日別平滑値が28.0℃を超える期間を酷暑期としている．また，前記にかかわらず，最新の気象情報などから受入れ時のコンクリート温度が35℃を超えると予測された日は，酷暑期に該当すると判断して施工および品質管理を行うことができることとしている．

(2) 適用範囲

受入れ時のコンクリート温度が35℃を超えることを許容するコンクリートの種類および部位の適用範囲を設定する．本指針は，基本的にはマスコンクリート，高強度コンクリートなどの特殊コンクリートは適用対象外としている．これらの適用対象外のコンクリートについては，各コンクリートの特殊性に応じた検討を行う必要がある．

(3) 混和剤の選定

構造体コンクリートの品質に直接影響を及ぼすコールドジョイントの発生を抑制するには，高温下でコンクリートのスランプを保持できる化学混和剤の選定を行う必要がある．そこで，本指針では化学混和剤として，遅延形の高性能AE減水剤を使用することとした．ただし，信頼できる資料に基づいて型枠の隅々までコンクリートを問題なく打ち込むことができることや，打重ねによるコンクリートの一体性に問題が生じないと判断した場合には，その他の化学混和剤を承認することができることとしている．

(4) スランプおよび水セメント比の最大値の設定

コンクリートの目標スランプおよび水セメント比の最大値を設定する際には，化学混和剤の凝結遅延効果が確保できる値を設定する必要がある．高温下でコンクリートのワーカビリティーを確保できる時間は化学混和剤の種類や添加率に大きく影響を受けるため，目標スランプが小さすぎたり，水セメント比が大きすぎたりすると，必要な化学混和剤の添加率とならないことがある．そこで，目標スランプおよび水セメント比の最大値は，フレッシュコンクリートのワーカビリティーや分離抵抗性の観点だけでなく，化学混和剤の添加率なども考慮して定める．

(5) 構造体強度補正値 $_mS_n$ の設定

2018年版のJASS 5における暑中期間の構造体強度補正値は $6\,N/mm^2$ を採用している．これまで実施した実験結果から，S値を $6\,N/mm^2$ とすればコンクリート温度が35℃を超えた時期でも構造体コンクリートの強度は満足するものと考えられる．なお，本指針では，低発熱系のポルトランドセメントを使用した場合やフライアッシュセメントB種を使用した場合の構造体強度補正値については，$6\,N/mm^2$ よりも小さな値を推奨している．

(6) 単位水量の最大値の設定

単位水量は，適切なワーカビリティーが得られる範囲内で，できるだけ小さくする必要がある．

一方，酷暑期においては，こて仕上げ作業に必要な適切な量のブリーディング水が確保できなくなることや，プラスチック収縮ひび割れが発生しやすくなることから，過度に単位水量の最大値を小さく設定しないように配慮する必要がある．

(7) 単位セメント量および化学混和剤添加率の最小値の設定

目標スランプおよび水セメント比と同様に，単位セメント量の最小値も，化学混和剤の遅延効果を十分発揮できる設定とする必要がある．そこで，単位セメント量の最小値は，フレッシュコンクリートのワーカビリティーや分離抵抗性の観点だけでなく，化学混和剤の添加率なども考慮して定める．また，ここで定める単位セメント量の最小値，(4)で定めた目標スランプおよび水セメント比の最大値などを基に，化学混和剤の添加率の最小値を設定し，この添加率が化学混和剤製造会社の推奨する値よりも著しく小さくならないことを確認する．

(8) コンクリートの圧縮強度，耐久性の確認

暑中期の高温はコンクリートの水和反応に影響し，初期材齢の強度発現は促進されるが，長期材齢では強度増進が少なくなることが知られている．また，年々高くなっている外気温は，構造体コンクリートの諸物性に従来とは異なる悪影響を与える可能性もある．そのため，最新の研究動向なども参考に，コンクリートの圧縮強度，耐久性などにも問題がない設定となっていることを確認する．

(9) 試し練り計画（フレッシュコンクリートの性状，スランプの低下量，凝結特性など）

3.1dの解説で示した参考例などを基に，受入れ時のコンクリート温度の上限値を 38℃に緩和する必要条件を設定する．設定した条件を満足できないことが予想される場合には，室内または実機による実験により，所要の性能が得られることを確認する．

(10) 適切な施工管理（養生方法など）

表面のプラスチック収縮ひび割れや強度低下，耐久性低下を防ぐためにコンクリート打込み後の養生方法，養生期間を検討することが重要である．特に受入れ時のコンクリート温度が35℃を超える可能性がある酷暑期には，散水養生などの給水養生または養生シートや養生剤などを用いた保水養生を行うことを必須とし，打込み当日からの水分の逸散防止に特に注意を払う．また，強風でコンクリートの表面から急激に水分が逸散することによりプラスチック収縮ひび割れが発生することもあるため，必要に応じて風に対する養生なども検討しておく必要がある．

養生方法によっては予算措置が必要な場合もあるため，特記仕様書に記載しておくことで着工後のトラブルを回避できる．

b．受入れ時でのコンクリートの目標スランプは，原則として21cmとした．現在では外気温が35℃を超えることも珍しくなく，荷卸し後もコンクリートのスランプは刻々と低下する．また，コンクリートポンプを用いた場内運搬などでも，暑中コンクリート工事ではスランプの低下が著しいケースも想定される．今回の指針では，このような条件下において暑中に生じやすいコールドジョイントなどを抑制するには，受入れ時のスランプの設定を大きくすることが現実的な対策であると考えた．なお，現在のような高性能の化学混和剤が存在しない時代には，スランプを大きく設定すると，単位水量の増大を招くという認識が一般的であった．しかしな

がら,現在の技術であれば,一般的な化学混和剤の利用によって,単位水量を増加させずにスランプ 18cm を 21cm にすることも可能である.したがって,さまざまな要求性能を考慮したスランプ 21cm のコンクリートを調合することが肝要である.ただし,酷暑期以外であれば,信頼できる資料などを基に判断したことを条件に,酷暑期であれば,実験で確認したことを条件に,目標スランプの値を小さく定めることができることとした.

　c. コールドジョイントは,先に打ち込んだコンクリートに新たにコンクリートを打ち重ねる際に,前者のコンクリートの凝結がある程度進行している場合に発生する.その目安は,解説図 3.1 に示すように,一般の場合で貫入抵抗値が 0.5N/mm² 以上という値が示されている.一方,貫入抵抗値が 0.5N/mm² に達する時間は,養生温度が高いほど早くなることから,暑中期においてはコールドジョイントが発生しやすくなる.そのため,暑中期に施工されるコンクリートにおいては,他の季節以上にコールドジョイント発生の抑制に注意を払う必要がある.

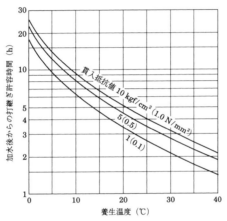

貫入抵抗値　1 kgf/cm² (0.1 N/mm²)：打放しなど重要な部材
　　　　　　5 kgf/cm² (0.5 N/mm²)：一般の場合
　　　　　　10 kgf/cm² (1.0 N/mm²)：内部振動その他適当な処理をするとき

解説図 3.1　養生温度と打重ね許容時間の関係 [2], [3]
（普通コンクリートの場合）

暑中期のコンクリートにおける打重ね時間間隔の限度を 120 分,25℃以上の場合の練混ぜから打込み終了までの時間の限度を 90 分とすると,練混ぜ開始からの経過時間（注水からの経過時間）が所定の貫入抵抗値（一般の場合は 0.5N/mm²）に達するまでの時間が 210 分（3 時間 30 分）以上あれば,先に打ち込んだコンクリートの再振動可能時間内であり,耐久性上の不具合となる危険性のあるコールドジョイントが防止できると考えられる.

昨今の研究では，暑中環境下でのスランプの保持などには，標準形の化学混和剤ではなく遅延形の化学混和剤を用いることが有効であることが示されている．解説図3.2はその一例で，概ね30～35℃程度で練り上げたコンクリートをトラックアジテータで運搬し，運搬時間とスランプの変化量として整理したものである．呼び強度は24，36，45の3種類，目標スランプは18cmと21cmの合計6種類の普通ポルトランドセメントを用いたコンクリートのデータ330ケースを収集している．図中の記号SPSは標準形の高性能AE減水剤を使用したもの，記号SPRは遅延形の高性能AE減水剤を使用したものである．本図から，実験データのばらつきはあるものの，全体像としては，遅延形の高性能AE減水剤を使用したもののほうがスランプ保持に有利であることが読み取れる．

また，解説図3.3は解説図3.2と同じ実験シリーズで，コールドジョイントの発生と関係の深いコンクリートの凝結特性を調べたものである．図の縦軸はコンクリートの注水後の打重ね許容時間を示している．解説図3.3から，遅延形の高性能AE減水剤を使用することで打重ね許容時間を延長することが可能で，結果としてコールドジョイントの発生を抑制できる可能性が高いことがわかる．

このような実験データなどから，今回の指針では，化学混和剤は，遅延形の高性能AE減水剤とすることとした．なお，昨今の実験では，酷暑期においても，遅延形のAE減水剤で同様の性能が得られるという報告[1]もある．そこで，試験や信頼できる資料によりその効果を確認した混和剤については，これらと同様に使用できることとした．

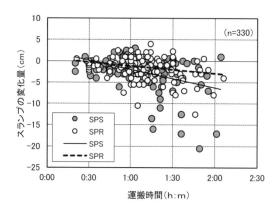

解説図3.2　混和剤の種類が運搬時間とスランプの変化量に及ぼす影響[1]

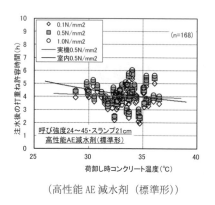

（高性能AE減水剤（標準形））

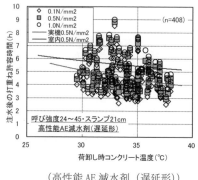

（高性能AE減水剤（遅延形））

解説図3.3　混和剤の種類がコンクリートの凝結時間に及ぼす影響[1]

d．プラスチック収縮ひび割れは，コンクリート施工後，直射日光や風の影響により，コンクリート表面から水分が逸散することにより発生する．特に床部材において発生しやすい現象である．外気温とコンクリートの表面温度が高くなるほど，かつ風速が速くなるほど，水分蒸発量が増加し，プラスチック収縮ひび割れが発生しやすくなる．暑中期においては，外気温が高いことから，他の季節と比較してプラスチック収縮ひび割れが発生しやすいといえる．スラブの水分蒸発に関しては，膜養生剤の散布が有効という知見があるが，解説図3.4に示すように，効果は商品ごとに異なるので，使用する剤の選定には十分な検討が必要である．

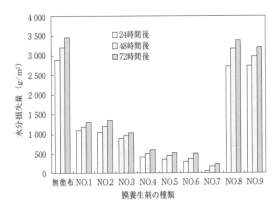

解説図 3.4 膜養生剤の種類と水分逸散量[6]

解説表 3.2 外気温の差によるコンクリートの収縮量

施工時 外気温（℃）	冬季外気温 （℃）	温度差 （℃）	収縮量 （×10^{-6}）
35	5	30	300
30	5	25	250
25	5	20	200
20	5	15	150
15	5	10	100
10	5	5	50
5	5	0	0

また，硬化したコンクリートは，一般的に温度の低下1℃に対して約10×10^{-6}収縮すると言われている．暑中期に施工したコンクリートは，高い温度で硬化するため，外気温の影響を受ける場合には冬季にかけて外気温が低下するに伴って収縮していく．解説表3.2はコンクリートの温度が外気温と同じとして，施工時の外気温と冬季の外気温（ここでは5℃と仮定した）との差によって，どの程度コンクリートが収縮するのかを示している．施工時の外気温が高い程収縮量が大きくなっており，外気温が35℃から5℃まで低下した場合には300×10^{-6}の収縮量となる．この収縮は，乾燥収縮による収縮とは別の要因で生じるものであるため，ひび割れの発生を懸念する部位などには，乾燥収縮率の小さなコンクリートを施工することが望ましい．そのため，本指針では，酷暑期においては，乾燥収縮率の目標値を8×10^{-4}以下と設定することとした．

3.3 施工段階における暑中対策

> a．施工段階での暑中対策は，コンクリートの材料，調合，発注・製造・運搬および受入れ，打込み計画，打込み・締固め，仕上げ，養生および品質管理・検査において立案し，コンクリートの所要の品質の確保と，作業員の体力の消耗と作業効率の低下がなるべく少なくなるようにする．
> b．受入れ時のコンクリート温度が35℃を超えることが予想される酷暑期にコンクリート工事が行われる場合には，施工段階での暑中対策をより入念に講じる．

a．暑中期に施工されるコンクリートは，強度の発現が遅れる，コンクリートが凍結するなどといったはっきりとした悪さが出る寒中期に施工されるコンクリートとは異なり，春季・秋季に施工する一般のコンクリートと比べての悪さが必ずしも明確ではなく，コストアップ要因を挙げにくい．これらのことから，従来，暑中期のコンクリートの施工にあたって特別の対策をとる事例は少なかったようである．

しかし，近年の温暖化による暑中環境の過酷化は顕著であり，コストをかけることなく適切な対策を施すことは困難になりつつある．暑中期においては，構造耐力の低下，耐久性の低下および美観の低下などのコンクリートの品質の低下が考えられるので，工事開始前の各工事の段階に応じた対策を立案し，それらを有効に組み合わせて暑中対策とするのがよい．

また，適用の直前になって暑中コンクリート工事対策を計画するようでは，工事が正しく，かつ円滑に行われる可能性は小さいので，コンクリート工事開始のかなり前に，コンクリートの材料，調合，発注・製造・運搬および受入れ，打込み計画，打込み・締固め，仕上げ，養生および品質管理・検査に関して，高温の影響が最小となるように十分な検討を行って施工計画書を作成し，工事監理者の承認を受ける．その際には，3.1で示した事前協議の内容に関しても，施工計画書に盛り込むことが望ましい．

材料，調合，製造および養生が適正に行われた場合，構造体コンクリートの品質は，工事に携わる人の能力と連携によって大きく左右される．日本の夏は高温多湿であり，このような環境下の作業は体力を消耗して疲労しやすく，構造体コンクリートの品質の低下を招くおそれがあるだけでなく，熱中症による死亡災害につながっている．このため，構造体コンクリートの品質のみならず，作業環境，作業員の設置はもとより，適切な休息方法の設定を行い，休憩時間を交代で取れるような十分な人員配置を行う必要がある，また，打込み時期の早朝または夕方以降への変更などの対策も有効である．

b．酷暑期において受入れ時のコンクリート温度が35℃を超えることが避けられない場合を想定し，材料，調合，打重ね時間間隔，養生方法・期間等についてあらかじめ検討し対策を講じておく場合は，その対策内容について各関係者間において事前協議を行う必要がある．

設計段階で，35℃を超えることが許容されている場合には，原則としてその指示に従えばよいが，実施可能な対策であるかどうかなどは，工事監理者と施工者が事前に協議する必要がある．

一方，設計段階で35℃を超えることが許容されていない場合には，施工者は受入れ時のコンクリート温度が35℃を超える場合について，レディーミクストコンクリート工場とあらかじめ協議を行い，その対策内容を施工計画書（施工要領書）に反映させ工事監理者の承認を受ける必要がある．

工事監理者は，以下に示す事前協議項目についてコンクリートの品質管理上問題ないことの確認を行う．暑中対策のため調合（スランプ等）を変更する場合は，申請上の変更手続きが必要となるため設計者の確認も要する．

暑中環境によりコンクリートの温度が高くなると，フレッシュコンクリートも硬化コンクリートも高温の影響を受けることになる．製造時においてコンクリート温度が高くなるとスランプが出にくくなり，また，空気が連行されにくくなる．この影響は運搬から打込み後初期にも継続し，スランプの低下量が大きくなり，コールドジョイントや初期ひび割れが発生しやすくなる．さらに高温は長期的な水和反応の進行にも影響し，初期材齢の強度発現は促進されるが，反面長期材齢での強度増進が小さくなる，耐久性が低下するなどの問題点が懸念される．さらに，外気温の低下により，ひび割れも発生しやすくなる．

以上を踏まえ，酷暑期においては，次の(1)～(7)の項目について事前に協議を行い，施工段階でコンクリートの品質を確保する上で問題がないことの確認を行う必要がある．

(1) 試し練り計画（フレッシュコンクリートの性状，スランプの低下量，凝結性状）

試し練りを行う場合には，一般的な試験に併せて，スランプ・スランプフローの経時変化と凝結性状について所要の性能を有するかどうか確認を行う．試し練りは，酷暑期に実機により行うことが望ましいが，工事の工程的に困難な場合が多い．その場合には，レディーミクストコンクリート工場や生コンクリート工業組合や協同組合が実施した結果を確認するか，既往の実験結果の中で使用材料や調合が類似の実験結果を参考にするとよい．あるいは5.4に示すように，環境温度20℃の室内における試し練りにより，酷暑期を想定した性能確認を行っておくことも可能である．なお，実機による類似の条件の試験結果などが全くない場合には，室内での試し練りとは別に，施工計画の段階で，実機による製造・施工試験などを行うことが望ましい．

(2) 供試体採取計画

構造体のコンクリート強度推定試験で，試験結果が規定値を満足しない可能性があると想定される場合などは，通常より余分に供試体を採取することとし，その数量や養生方法について確認を行う．余分に採取した供試体は現場封かん養生とし，構造体のコンクリート強度推定試験で不合格となった場合に，材齢91日以内で圧縮試験を行うとよい．また，採取された供試体が高温状態とならないように，静置場所に関しても，直射日光を避け，空調の効いた室内とするなど十分な検討を行う．

(3) フレッシュコンクリートの温度管理

フレッシュコンクリートの温度測定方法，上限・下限の温度付近での温度管理方法，温度測定器具について問題がないことを確認する．また，測定場所，測定時間・間隔・回数，測定器具の保管方法等についても確認を行う．

(4) 圧送性，ワーカビリティー低下対策

荷卸し地点で想定外にスランプの低下が生じた場合は，混和剤を後添加するなどのワーカビリティーの回復方法を確認し，圧送時の閉塞やコールドジョイントの発生を抑制する．

(5) 打重ね不良（コールドジョイント），仕上げ不良対策

コンクリートの打重ね面，打継ぎ面やせき板に散水し，湿潤状態を保つ配慮をするなど，打重ね不良（コールドジョイント）対策，仕上げ不良対策方法を確認する．

打重ね時間間隔の限度内に打ち重ねられたコンクリートが先打ち部のコンクリートと確実に一体化するよう，十分な締固めを行うための対策を確認する．

(6) 打込み順序の計画，打重ね時間間隔の厳守

事前に打込み順序を計画し，練混ぜから打込み終了までの時間の限度の設定，打重ね時間間隔の限度の設定を行う．

コンクリートの練混ぜから打込み終了までの時間の限度は，暑中コンクリート工事の適用期間では90分を原則とされているが，コンクリート温度を上昇させないような対策や，凝結を遅延させる対策を講じた場合の時間の限度の延長についても確認を行う．

打重ね時間間隔の限度は，外気温が25℃以上の場合は120分が目安とされているが，施工面からの対策に加え，材料・調合面からの対策を講じることにより，打重ね時間間隔の限度が適切に設定されているかを確認する．

(7) 養生によるプラスチック収縮ひび割れ，コンクリート圧縮強度低下対策

暑中期のコンクリートでは，打込み直後のコンクリート表面にプラスチック収縮ひび割れが発生したり，表層部コンクリートの密実度の低下による耐久性の低下が生じたりする危険性がある．また，長期材齢においては，強度発現性に支障をきたす可能性もある．これらの現象を防止する処置として，養生方法および養生期間の対策を確認する．

参 考 文 献

1) 日本建築学会近畿支部：暑中コンクリート工事における対策マニュアル 2018，2019.3
2) 笠井芳夫ほか：コンクリートの打継ぎ許容時間の推定方法，日本大学生産工学部報告，Vol.2, No.1, pp.63-77, 1968.6
3) 笠井芳夫：コンクリートの初期強度・初期養生に関する研究，学位論文，1968
4) 前田朗ほか：暑中コンクリートの品質確保に関する実験的研究－その3 実機実験におけるフレッシュコンクリートの性状－，日本建築学会大会学術講演梗概集，pp.809-810, 2011.8
5) 西村文夫ほか：暑中コンクリートの品質確保に関する実験的研究－その4 実機実験におけるコンクリートの凝結性状－，日本建築学会大会学術講演梗概集，pp.811-812, 2011.8
6) 豊福俊泰，潮先正博：コンクリート構造物の初期ひび割れの発生予測とこれに対応した膜養生剤の開発，コンクリート工学，Vol.44, No.4, pp.33-42, 2006.4

4章 材料

4.1 総則

> コンクリート材料は，暑中期のコンクリート工事に配慮して選定する．

　暑中期では，外気温などによってコンクリートの材料温度が上昇し，コンクリート温度が高くなる．このようなコンクリートは2章で記述したように，初期水和熱の増大，凝結時間の短縮，初期強度の増大などの特性を持ち，初期ひび割れ発生リスクの増大，単位水量の増加，空気連行性の低下，極端なブリーディング水の減少，経時に伴うスランプの低下の増大，長期強度の増進性の低下など常温時に比べて好ましくない現象も生じやすい．特に，酷暑期ではこれらの現象が顕著になると考えられる．これらの好ましくない現象を極力低減できる性質を有する材料を使用し，コンクリート温度をできるだけ低温にすることが，暑中期に施工されるコンクリートにとって所要の品質を得るために極めて重要なことである．

　セメントは，一般に普通ポルトランドセメントが最も多く使用されている．暑中期に見られる好ましくない現象を改善する目的で，低発熱型のポルトランドセメントや混合セメントを用いることは効果的である．

　骨材の品質は JASS 5，練混ぜ水の品質は JIS A 5308（レディーミクストコンクリート）附属書Cによればよい．

　化学混和剤はコンクリートの高温時の好ましくない現象を比較的容易に改善することができる．このため，セメントの種類，調合条件などによって用いるタイプおよびその使用量を適切に選定することが肝要である．これら以外の混和材料も適切に使用することによって高温時の好ましくない現象を改善または緩和する性質を有するものがあるので，信頼できる資料や試験によって確認して使用するとよい．特に，フライアッシュや高炉スラグ微粉末などの副産物起源の混和材は，適切な設計・施工により長期的に優れた性能を有するコンクリートを製造できるので，初期強度発現性が良いなど暑中期の特長を活かして用いるのが望ましい．

　できるだけ低温の材料を用いるには，外気温，直射日光などによる温度上昇を抑制する貯蔵設備の設置や地下水の利用，必要に応じて冷却設備の設置が必要である．コンクリート温度を下げる方法には練混ぜ水に氷塊を使用する方法や練り混ぜられたコンクリートに液体窒素を添加する方法もあるが，やや特殊な方法であるため，実施にあたっては信頼できる資料の確認などをよく行う必要がある．また，出荷量が多い普通ポルトランドセメントは，温度が高い状態でレディーミクストコンクリート工場に納入されることが多いため，コンクリート温度を上げる一つの要因となっている．これらの対策として，その他のセメントを使用したり，フライアッシュや高炉スラグ微粉末をセメントと置換して使用したりすることも，コンクリート温度の抑制に有効である．

4.2 セメント

> a．セメントは，JIS R 5210（ポルトランドセメント）に適合する普通・中庸熱・低熱および耐硫酸塩ポルトランドセメント，JIS R 5211（高炉セメント），JIS R 5212（シリカセメント），JIS R 5213（フライアッシュセメント）に適合するものを標準とする．
> b．上記以外のセメントは，信頼できる資料や試験によって所要の品質が得られることを確認して用いる．

　a．暑中期におけるコンクリートは温度が高くなり，初期の水和反応が促進され，凝結時間が始発・終結ともに大幅に短縮し，かつ初期材齢の強度発現が大きくなるが，長期材齢における強度増進は，逆に小さくなる．解説図 4.2.1 は，各種セメントの材齢約 1 時間から 24 時間までの水和発熱速度を，温度 35℃の条件下で測定したものである[1]．早強ポルトランドセメントの水和発熱が最も大きく，コンクリートの温度を上昇させる要因となることがわかる．したがって，暑中期に施工されるコンクリートには早強性のセメントは好ましくない．このようなことを考慮して，普通・中庸熱・低熱および耐硫酸塩ポルトランドセメント，高炉・シリカ・フライアッシュセメントを用いることを標準とした．

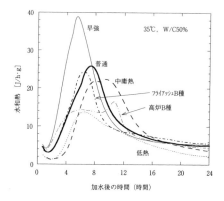

解説図 4.2.1　各種セメントの初期発熱曲線[1]

　中庸熱ポルトランドセメントや低熱ポルトランドセメントは，水和熱が小さく，マスコンクリートの水和熱低減にも使用されている．酷暑期など高温による影響が顕著となる場合，これら低発熱型のポルトランドセメントを用いることにより，打込み後のコンクリートの温度上昇を抑制し，長期材齢における構造体コンクリートの強度増進の鈍化など高温による弊害を低減することができる．解説図 4.2.2 は各種セメントを用いたコンクリートの簡易断熱養生における温度上昇量を示したものであるが，30℃および 40℃の高温条件下でも中庸熱や低熱ポルトランドセメントの温度上昇量が小さいのは明らかであり，暑中期に施工されるコンクリートに適しているセメントであることがわかる[2]．

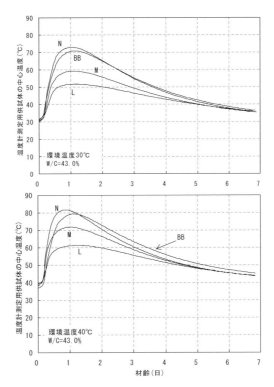

解説図 4.2.2 簡易断熱養生における温度測定供試体の中心温度[2]

　解説図4.2.3は暑中期に普通および中庸熱ポルトランドセメントを使用した1m角のコンクリート柱状試験体からコア抜きして得られた構造体コンクリート強度と，標準養生した供試体の圧縮強度の発現性状を示している．普通ポルトランドセメントを使用したコンクリートの構造体強度発現が鈍化している一方，中庸熱ポルトランドセメントを用いた構造体コンクリートは長期にわたり良好な強度発現性を有していることがわかる．加えて，暑中期であるため標準期や冬期に比べ初期強度の発現性も良好で，これら低発熱型のポルトランドセメントは，その強度特性からも暑中期に施工されるコンクリートに適しているセメントであるといえる[1]．

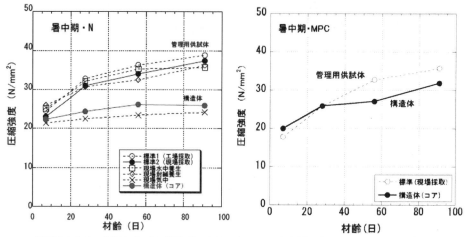

解説図4.2.3 普通および中庸熱ポルトランドセメントを用いたコンクリート構造体の暑中期における強度発現性状[1]

さらに，解説図4.2.4からわかるように，低発熱型のポルトランドセメントは普通ポルトランドセメントを用いたコンクリートに比べ，スランプの経時変化[2]，凝結時間，ブリーディングなど暑中期に施工されるコンクリートの性能改善にも有効である．

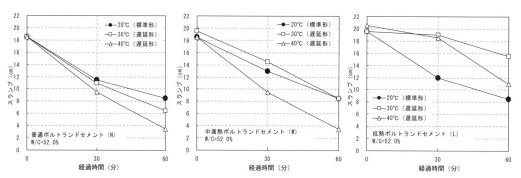

解説図4.2.4 各種ポルトランドセメントを使用したコンクリートのスランプ経時変化（室内試験）[2]

b．上記以外のセメントとしては，JISに規定されている早強ポルトランドセメントや超早強ポルトランドセメントがある．これらのセメントは，発熱量も大きく，暑中期に積極的に用いるべきではない．しかし，工期短縮などを目的として，このような早強型のセメントを用いる場合には，コンクリートの品質，施工性などについて，信頼できる資料や試験によって十分検討し，所要の品質が得られることを確認して使用する．

また，フライアッシュや高炉スラグ微粉末を混合材として使用するフライアッシュセメントや高炉セメントも，低発熱型のポルトランドセメントと同様に暑中期におけるコンクリートの性能改善に有効である．これらを使用したコンクリートの性能など詳細は，4.5「混和材料」を参照されたい．

4.3 骨　材

> 骨材は，JASS 5 4.3（骨材）による．

　骨材の品質は，暑中期に施工されるコンクリートの場合も JASS 5　4.3（骨材）による．ただし，暑中期に施工されたコンクリートは，冬期にかけての外気温の低下による温度変化が通常より大きくなる傾向にあるので，ひび割れ抑制の観点から骨材による乾燥収縮率の違いを把握することが望ましい．

4.4 練混ぜ水

> 練混ぜ水は，JIS A 5308（レディーミクストコンクリート）附属書C「レディーミクストコンクリートの練混ぜに用いる水」に適合するものとする．

　練混ぜ水は，JIS A 5308 附属書 C による．ただし，スラッジ水を用いる場合には，スラッジ固形分率が適切に管理されているかどうかを確認して使用する．また，回収水を用いる場合には，貯水槽が高温環境下にさらされる場合も多いため，水温の上昇に特に注意する．

4.5 混 和 材 料

> a．化学混和剤は，JIS A 6204（コンクリート用化学混和剤）に適合する遅延形の化学混和剤のうち，高性能 AE 減水剤（遅延形）を用いることを原則とする．
> b．フライアッシュは，結合材として用いる場合は JASS 5 M-401 に適合するものを，結合材として用いない場合は JIS A 6201（コンクリート用フライアッシュ）のⅡ種またはⅣ種に適合するものを用いる．
> c．高炉スラグ微粉末は，JIS A 6206（コンクリート用高炉スラグ微粉末）に適合するものを用いる．
> d．上記以外の混和材料は，信頼できる資料や試験によって所要の品質が得られることを確認して用いる．
> e．混和材料は，環境配慮を行う場合に有効なコンクリート材料であり，暑中期の特長を活かして用いる．

　a．JIS A 6204（コンクリート用化学混和剤）では，化学混和剤の種類を解説表 4.5.1 および解説表 4.5.2 に示すように分類している．

解説表 4.5.1 化学混和剤の性能による区分

AE剤	—
減水剤	標準形
	遅延形
	促進形
AE減水剤	標準形
	遅延形
	促進形
高性能AE減水剤	標準形
	遅延形
流動化剤	標準形
	遅延形

解説表 4.5.2 化学混和剤の塩化物イオン(Cl^-) 量による区分

種類	塩化物量（塩素イオン量）kg/m^3
I種	0.02 以下
II種	0.02 を超え 0.20 以下
III種	0.20 を超え 0.60 以下

　AE剤，減水剤，AE減水剤および高性能AE減水剤は，フレッシュコンクリート中のセメント粒子の分散作用および空気連行性により単位水量を低減することができる．

　遅延形の混和剤は，プレーンコンクリートに比べて初期水和熱を減じ〔解説図4.5.1〕，凝結を遅延させる〔解説図4.5.2〕とともに，長期の強度発現が大きくなる特性がある〔解説図4.5.3〕ので，暑中期に施工されるコンクリートに生じる各種の好ましくない現象を改善または緩和するのに有効である．特に，コンクリートの表面の乾燥によるプラスチック収縮ひび割れの防止のために，ブリーディングの速度および量を適切にすることができる有効な材料である．なお，解説図 4.5.1〜4.5.3 は AE 減水剤での試験結果であるが，高性能 AE 減水剤を使用した場合でも同様な傾向になる．

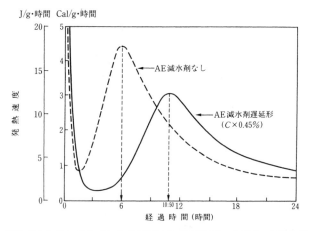

解説図 4.5.1 普通ポルトランドセメントの初期水和発熱速度に及ぼす AE 減水剤（遅延形）の影響[3]

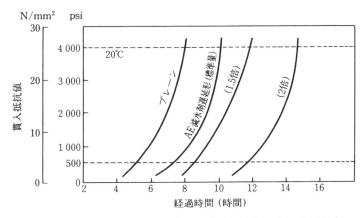

解説図 4.5.2 コンクリートの凝結と AE 減水剤（遅延形）の使用量[4]

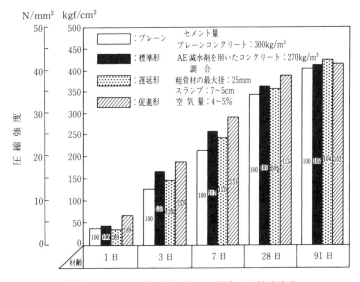

解説図 4.5.3 AE 減水剤を用いた場合の圧縮強度[4]

　高性能 AE 減水剤は，減水剤や AE 減水剤よりもさらに高い減水性と良好なスランプ保持性を併せ持つ剤である．このため，暑中期に施工されるコンクリートの問題点である単位水量の増加や経時によるスランプ低下が大きいことなどの解決策として最も好ましい剤といえる．解説図 4.5.4 に高温環境下における高性能 AE 減水剤を使用したコンクリートのスランプ保持性の一例を示す．呼び強度は 24，36 および 45，スランプ 18cm および 21cm，混和剤は高性能 AE 減水剤標準形（図中 SPS）および遅延形（図中の SPR）を使用し，コンクリート温度は 28～38℃の範囲である．同図に示すように，荷卸し時のコンクリート温度が 35℃を超える場合でも，高性能 AE 減水剤遅延形を使用することにより，スランプの低下を抑制することが可能であることがわかる．解説図 4.5.5 は，高性能 AE 減水剤標準形および遅延形を用いたスランプ 18cm のコンクリートについて，暑中環境で貫入抵抗値を測定した結果を示したもので，図中のプロット◇■○は，荷卸し時のコンクリート温度が種々異

なる場合に，貫入抵抗値がそれぞれ 0.1, 0.5, 1.0N/mm² に達した時期を加水後の経過時間として表している．同じく実線は，貫入抵抗値が 0.5N/mm² に達した時間のプロットの回帰線を例示している．高性能 AE 減水剤遅延形を使用することで，荷卸し時のコンクリート温度が 38℃までの範囲で，貫入抵抗値が 0.5N/mm² に達する時期は加水後 3 時間以降となっており，荷卸し時のコンクリート温度が 35℃を超える場合においても，打重ね許容時間を十分確保できていることがわかる．

このため，暑中期に施工されるコンクリートに用いる混和剤として，遅延形の高性能 AE 減水剤を用いることを原則とした．

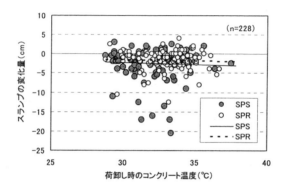

解説図 4.5.4　荷卸し時のコンクリート温度とスランプの変化量の関係[5]

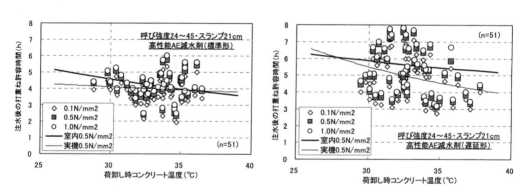

解説図 4.5.5　荷卸し時のコンクリート温度と打重ね許容時間の関係[5]

AE 剤，減水剤（標準形），AE 減水剤（標準形）は，コンクリートの凝結時間を遅延させる効果は小さいが，その他のコンクリートの性能改善には有効な材料である．したがって，信頼できる資料や試験によって所要の品質が得られることを確認して使用することができる．

減水剤（促進形）および AE 減水剤（促進形）は，コンクリートの初期水和熱の増大および凝結時間の促進作用を有しているので，暑中期に施工されるコンクリートには基本的には用いないほうがよい．しかし，初期強度発現性を利用して工期短縮の目的に使用するような場合は，信頼できる資料や試験によって所要の品質が得られることを十分確認して使用する必要がある．

流動化剤は，運搬・打込みによるスランプの低下が著しくなった場合にワーカビリティーの改善

を図る目的で使用されることがある．詳細は本会「流動化コンクリート施工指針・同解説」を参照されたい．なお，ベースコンクリートで使用したものと同じ銘柄の高性能AE減水剤を現場にて後添加することにより，低下したスランプを回復することも行われている．

最近では，AE減水剤と高性能AE減水剤の中間の減水性を持ち，従来のAE減水剤よりも高いスランプ保持性能を有するAE減水剤（AE減水剤 高機能タイプなどと称される）が広く利用されている．

また，フライアッシュや高炉スラグ微粉末など混和材を大量に混合したコンクリートで課題となる経時に伴う著しいスランプの低下を改善するための混和剤[6]などの開発が進められており，暑中期に施工されるコンクリートにも適用が進められている．使用材料や運搬時間を考慮して，最適な混和剤を選定するとよい．

b．ポルトランドセメントを用いるコンクリートの温度上昇抑制対策や流動性改善として，フライアッシュを用いる場合には，JIS A 6201（コンクリート用フライアッシュ）の規定に適合するものを用いる．フライアッシュはJIS A 6201でⅠ種，Ⅱ種，Ⅲ種，Ⅳ種に区分されており，結合材として用いる場合は本会で規定しているJASS 5 M-401（結合材として用いるフライアッシュの品質基準）に適合するものを，結合材として用いない場合（骨材の微粒分補給）はJISのⅡ種またはⅣ種に適合するものを用いる．なお，JASS 5 M-401に適合するものは一般に流通している品質のⅡ種品であり，Ⅰ種品はJASS 5 M-401の規格値を満足する．

暑中期でフライアッシュを用いる目的は，フライアッシュをセメント代替で用いて水和発熱の低減を図ることのほか，細骨材の粒形改善による単位水量の低減，さらには単位セメント量の低減により水和発熱の低減を図ることが考えられる．また，フライアッシュは，普通ポルトランドセメントと比較すると，レディーミクストコンクリート工場に納入される時点の材料温度が低いことから，セメントと置換して使用すると，若干ではあるが練上がり時のコンクリート温度を低下させることができる．これらを考慮し，構造物の条件等から，暑中期に施工されるコンクリート用としてどの種類を選択するか．事前に調査することが望ましい．

暑中期に施工されるコンクリートにフライアッシュを用いる場合は，温度の影響とフライアッシュ中に含まれる未燃カーボン等の影響によって，連行空気量のコントロールが困難になるおそれがある．したがって，フライアッシュ専用の空気量調整剤も含めて，適当な混和剤の選定等，事前によく調査しておくことが望ましい．

その他本章に示されていない事項については，本会「フライアッシュを使用するコンクリートの調合設計・施工指針・同解説」を参照されたい．

暑中期に施工されるコンクリートの温度上昇の検討のために，フライアッシュの置換率と温度上昇の関係を解説図4.5.6に示す．これより，フライアッシュの置換率の増大とともに温度低減効果が大きくなることがわかる[7]．

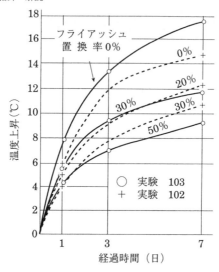

解説図 4.5.6　フライアッシュを用いたコンクリートの断熱温度上昇[7]

　暑中期に施工されるコンクリートの場合は，通常のコンクリートに比べて所要のスランプを得るための単位水量が増加し，所要の強度を得るために必要な単位セメント量の増加にもつながる．したがって，暑中期に施工されるコンクリートにおいては，特に所要の品質が得られる範囲内で，単位水量および単位セメント量をできるだけ小さくするように調合を定める必要がある．そのためには，混和材として粒形の良いフライアッシュを用いることが有効である．また，暑中期に施工されるコンクリートの場合は，経時によるスランプの低下が著しくなるが，フライアッシュを混入すると解説図 4.5.7 に示すように，無混入に比べてスランプの低下が小さくなり，運搬時間を長くとることができる[8]．

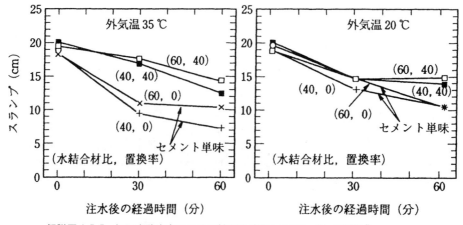

解説図 4.5.7　恒温実験室内における練置き時間とスランプとの関係[8]

　解説図 4.5.8 に，各環境・調合条件下における材齢 10 日まで封かん養生した供試体の初期強度の発現状況を，外気温が 35℃ と 20℃ のそれぞれの場合について示す．外気温の影響を比較すると，普

通ポルトランドセメント単味の調合では，外気温が35℃の場合には材齢3日までの強度は高くなるが，材齢5日以降の強度増進が小さくなるため，材齢5日以降では20℃の場合の方が高くなる．一方，フライアッシュを用いた調合では，初期から材齢10日まで，外気温35℃の場合の方が強度が高い．これは，通常，フライアッシュの置換率が大きくなるのに伴って初期の水和反応速度が小さくなるのに対して，暑中環境では温度が高いことにより，初期から水和が活発になるためである．

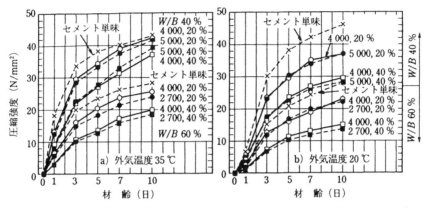

解説図 4.5.8 初期強度の発現性状（数値はフライアッシュの比表面積，置換率）[9]

解説図4.5.9は，フライアッシュを20%セメント置換して暑中期に実機製造されたコンクリートの強度発現性を示したものであるが，普通ポルトランドセメントの構造体強度発現が鈍化している．一方，フライアッシュコンクリートの構造体は，長期にわたり良好な強度発現性を有していることがわかる．加えて，高温環境下であるため標準期や冬期に比べ初期強度の発現性も良好で，フライアッシュをセメント置換したコンクリートは，その強度特性からも暑中期に施工されるコンクリートに適しているといえる[1]．

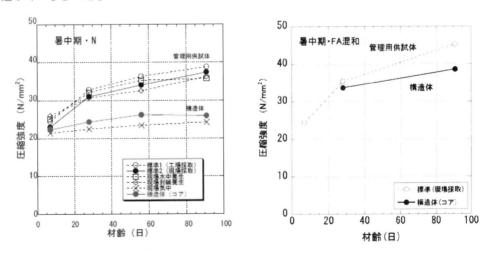

解説図 4.5.9 暑中期における模擬柱部材試験体の強度発現状況[1]

解説図 4.5.10 は，1m 角の模擬柱部材試験体における同一環境（暑中期・標準期）かつ同一箇所（中央部・外周部）のコア強度に関して，フライアッシュを使用しない場合でセメント水比との相関を求め，その相関式により（解 4.5.1）式を用いてフライアッシュの強度寄与率 K 値（材齢 91 日）を算出し，その K 値とコンクリート打込み温度との関係を示したものである．なお，本図はフライアッシュをスラリーとして 120kg/m³ 使用した事例であるが，その結果，コンクリートの打込み温度が高くなるほどフライアッシュの強度寄与率 K 値は大きくなっており，このことは，フライアッシュは，暑中コンクリート工事で優位性を発揮することを示唆している[10]．

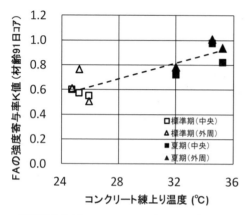

$$C_{eq} = C + K \times FA \qquad （解 4.5.1）$$

C_{eq}：等価セメント量（kg/m³）

C：単位セメント量（kg/m³）

K：FA の強度寄与率

FA：単位フライアッシュ量（kg/m³）

解説図 4.5.10　コンクリート打込み温度とフライアッシュの強度寄与率K値の関係（模擬柱試験体）[10]

c．高炉スラグ微粉末は，JIS A 6206(コンクリート用高炉スラグ微粉末)に適合するものを用いる．高炉スラグ微粉末は，3000，4000，6000，8000 の 4 種類が規定されており，また，使用目的によりせっこうを添加しているものがある．

元来，高炉スラグ微粉末の主原料である高炉水砕スラグは還元雰囲気中で急冷されて製造されるものであるため，その成分中の硫黄（S）は酸化物としては存在しない．JIS A 6206 の規定では，高炉スラグ微粉末の化学成分のうち，三酸化硫黄（SO_3）は 4.0%以下と定められている．この三酸化硫黄（SO_3）は添加されるせっこう（$CaSO_4$ または $CaSO_4 \cdot 2H_2O$）に由来する化学成分であると解釈できる．高炉スラグ微粉末で，せっこうを添加したものが認められている理由としては，第一に結合材（セメント＋混和材料）中の SO_3 量の調整の役目が挙げられる．わが国のポルトランドセメントには，ほとんどの場合，凝結時間のコントロールのため，せっこうが SO_3 量で2%前後添加されている．したがって，高炉スラグ微粉末にも同程度のせっこうを添加し，スラグ置換率を変化させた場合にも，結合材中の SO_3 量を大きく変化させずに，凝結時間をある一定の範囲にコントロールする目的が考えられる．次の理由としては，特に高温養生（例えば，蒸気養生等）する場合には，せっこう（$CaSO_4$）の量がある程度含有されていたほうが，水和初期におけるエトリンガイト（$3CaO \cdot Al_2O_3 \cdot 3CaSO_4 \cdot 32H_2O$）の生成を促進する効果があげられる．すなわち，エトリンガイトの構成鉱物で

あるCaSO₄をせっこうの添加で補うことにより,エトリンガイトを生成しやすく,初期強度の発現に寄与させる目的である.しかし,せっこうの添加量,言い換えれば結合材中のSO₃の含有量が過大になると,長期強度の増進が小さくなる傾向にあり,混和材料としての高炉スラグ微粉末の効能が損なわれるおそれがあるため,JIS A 6206でもSO₃の含有量の上限値を4.0%と定めている.これらを考慮し,構造物の条件等から,暑中期に施工されるコンクリート用としてどの種類を選択するか,事前に調査することが望ましい.

解説図4.5.11に,普通ポルトランドセメントをベースとして高炉スラグ微粉末の置換率を変えた場合の断熱温度上昇の概念図を示す.断熱温度上昇速度は,置換率が大きくなるほど遅くなる傾向がある.また,高炉スラグ微粉末の置換率が小さい場合は,普通ポルトランドセメントより断熱温度上昇量が大きくなる傾向があるが,初期材齢においては,温度上昇量および速度とも小さくなっている[11].

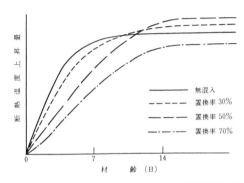

解説図4.5.11 高炉スラグ微粉末コンクリートの断熱温度上昇の概念図[11]

解説図4.5.12に,高炉セメントB種相当およびC種相当のセメントを用いた水結合材比W/B=47%および60%のコンクリートを暑中期および標準期に打ち込み,所定の初期材齢で圧縮強度試験を行った結果を示す.なお,供試体の種類は,模擬壁から採取したコア供試体,封かん養生供試体,水中養生供試体とし,図中の記号は,上段は暑中期(H),下段は標準期(S),括弧の値は高炉スラグ微粉末置換率(45は高炉セメントB種相当,70は高炉セメントC種相当),末尾の数字はW/Bとなっている.これより,いずれの場合も暑中期は標準期よりも初期材齢での強度発現が大きいことがわかる[12].

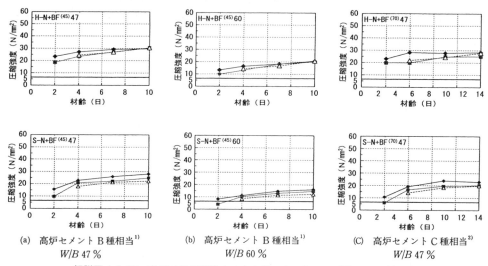

解説図 4.5.12 高炉スラグ微粉末コンクリートの打込み季節別の圧縮強度
（高炉セメントB種・B種相当およびC種・C種相当）[12]

解説図 4.5.13 に，高炉スラグ微粉末の置換率と水結合材比 65％のモルタルの圧縮強度の関係を示す．解説図からわかるように，長期材齢における圧縮強度は，ある程度の置換率までは増加させることはできる．ただし，混和材の置換率を高くする場合には，中性化に対する抵抗性なども視野に入れた調合計画が必要となる[13]．

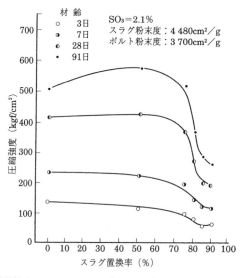

解説図 4.5.13 高炉スラグ微粉末コンクリートの置換率と水結合材比 65％のモルタルの圧縮強度の関係[13]

高炉スラグ微粉末を用いたコンクリートの乾燥収縮ひずみは，普通ポルトランドセメントを使用した場合と比較して，環境温度の影響を受けることが指摘されている．解説図 4.5.14 に，高炉セメ

ントB種相当を用いたコンクリートを用い，環境温度をそれぞれ10℃，20℃，30℃と変化させた場合の自由収縮ひずみの経時変化を示す．これによると，材齢80日における収縮ひずみは，同図(b)の普通ポルトランドセメントを使用したコンクリートでは環境温度にかかわらずほぼ同等であるのに対して，同図(a)の高炉セメントB種を使用したコンクリートでは環境温度が高くなるほど収縮ひずみの値が増大することがわかる．特に環境温度30℃の値は，材齢30日までの初期段階において急速に収縮ひずみが増大し，環境温度10℃，20℃に比べて100×10^{-6}以上大きくなっている[14]．したがって，暑中期に高温下で高炉スラグ微粉末を用いたコンクリートを用いる場合には，収縮によるひび割れなどに留意する必要がある．

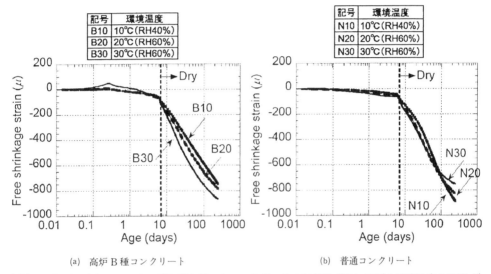

(a) 高炉B種コンクリート　　(b) 普通コンクリート

解説図 4.5.14　高炉セメントB種相当を用いたコンクリートの収縮ひずみに及ぼす環境温度の影響[14]

d．シリカフューム，膨張材，収縮低減剤，水和熱低減剤，超遅延形混和剤，コンクリート用防せい剤，コンクリート用養生剤などは，製品規格または信頼できる資料，試験によって，使用量，スランプ保持性，凝結特性，ブリーディング，強度発現性，耐久性などを確認して使用するのが望ましい．なかでも，解説図4.5.15に示すように，超遅延形混和剤はコンクリートの凝結を長時間遅らせることにより，コールドジョイントを抑制する方法として有効である[15],[16]．

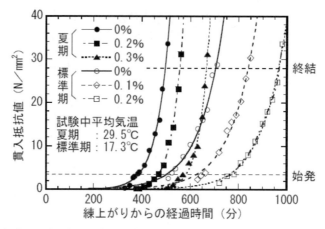

解説図 4.5.15 超遅延形混和剤の添加率を変化させた場合のコンクリート凝結試験結果(屋外) [15]

e．化学混和剤は，単位水量の低減，単位セメント量の低減，ひび割れ発生の低減が図れ，酷暑期においても構造体コンクリートの品質向上に有効なコンクリート材料である．また，フライアッシュや高炉スラグ微粉末などの副産物起源の混和材は，適切な設計・施工により長期的に優れた性能を有するコンクリートを製造でき，地球環境に影響を及ぼす CO_2 排出量の削減も図ることができる．

上記のように，混和材料は，環境配慮を行う場合に有効なコンクリート材料であり，暑中期の特長を活かして用いるのが望ましい．

4.6 その他の材料

> その他の材料は，信頼できる資料または試験によってコンクリートに悪影響を及ぼさないことを確認して使用する．

その他のコンクリートに用いる材料として，養生剤や塗布型の収縮低減剤，吸水防止剤などを使用する場合には，信頼できる資料や試験によって暑中期に施工されるコンクリートの性能に悪影響を及ぼさないことを確認して使用する．なかでも，養生剤は，打込み後のコンクリート表面の仕上げの際に使用することによりコンクリートの保湿性・保水性を高め，コンクリート打込み直後から生じる急激な水分の逸散を抑制することにより初期ひび割れを抑制することができる．大別して，荒仕上げの後に表層のコンクリートに散布し，最終仕上げを行う際のこて仕上げ性を改善する目的で使用されるものと，最終仕上げの後，コンクリート表面に散布することで被膜を形成させることにより水分蒸発抑制やプラスチック収縮ひび割れの発生を抑制する目的で使用されるものに分類される．さらに，養生終了後，各種仕上げを施す場合，表面の研磨が必要なものと不要なものに分類される．使用する環境や目的に応じて適切な材料を選定して用いるとよい．

参考文献

1) 原康隆, 小山智幸, 湯浅昇ほか:暑中環境で施工される構造体コンクリートの品質管理に関する研究(その8) 低熱型セメント, 混和材料によるS値低減の検討, 日本建築学会大会学術講演梗概集, pp.759-760, 2015.9
2) セメント協会:コンクリート専門委員会報告 F-57〈各種セメントを用いた暑中コンクリートの諸性質に関する研究〉, 2012.6
3) 秀島節治:日本建築学会材料施工委員会, 1989年度大会材料施工部門研究協議会説明資料, 1989.10
4) 日本建築学会:コンクリート用表面活性剤使用指針案・同解説, 1978
5) 日本建築学会近畿支部:暑中コンクリート工事における対策マニュアル, 2013.5
6) 辻大二郎, 村上裕貴, 若井修一, 小島正朗:高炉スラグ高含有セメントを用いた場所打ちコンクリート杭の品質, コンクリート工学年次論文集, Vol.37, No.1, pp.1357-1362, 2015
7) 吉越盛次:混和剤としてのフライアッシュに関する研究, 土木学会論文集, 第31号, p.47, 1955.11
8) 船本憲治, 松藤泰典, 森永繁, 小山智幸, 伊藤是清:フライアッシュを内割使用したコンクリートの暑中環境下における諸性質に関する実験的研究, 日本建築学会構造系論文集, 第531号, pp.1-6, 2000.5
9) 松藤泰典, 小山智幸, 船本憲治, 岸口泰邦, 伊藤是清, 東川大:フライアッシュを内割使用したコンクリートの初期性状, 日本建築学会九州支部研究報告, pp.53-56, 1998.3
10) 船本憲治:高温環境下の高強度, 高流動コンクリートにおけるフライアッシュの強度寄与率および構造体強度補正値に関する研究, コンクリート工学年次論文集, Vol.40, No.1, pp.117-122, 2018
11) 日本建築学会:高炉セメントまたは高炉スラグ微粉末を用いた鉄筋コンクリート造建築物の設計, 施工指針(案)・同解説, 2017
12) 桝田佳寛ほか:各種結合材を用いた構造体コンクリートの圧縮強度管理の基準に関する検討, 日本建築学会大会学術講演梗概集, pp.160-174, 2015.9
13) 阪本好史, 富沢年道, 近田孝夫:高粉末度スラグのコンクリートへの利用の現状と展望, コンクリート工学, Vol.29, No.4, pp.17-26, 1991.4
14) 閑田徹志, 百瀬晴基, 佐田和久, 今本哲一, 小川亜希子:高炉セメントB種コンクリートの収縮ひび割れ抵抗性に及ぼす各種要因の影響およびその向上対策に関する実験的研究, 日本建築学会構造系論文集, 第695号, pp.9-18, 2014.1
15) 太田達見, 内川陽平, 高田良章, 友澤史紀:遅延剤を用いたコンクリートの実施工条件下における凝結特性, コンクリート工学年次論文集, Vol.29, No.1, pp.273-278, 2007
16) 田村友法, 山田雅裕, 川幡栄治:超遅延型混和剤を用いたコンクリートのコールドジョイントの防止に関する実験, 日本建築学会大会学術講演梗概集, pp.857-858, 2010.9

5章 調　　合

5.1 総　　則

> コンクリートの調合は，コンクリートの所要の品質が得られるように，練混ぜ，運搬および打込みの条件を考慮して，原則として試し練りによって定める．ただし，暑中コンクリート工事用の調合があらかじめ準備されている場合は，試し練りを省略することができる．

　暑中コンクリート工事を円滑に進めるためには，打込み当日までに行う事前計画が極めて重要となる．フレッシュコンクリートの施工性や，構造体コンクリートの品質を決定づけることになる調合計画も，このような事前計画の一環である．そこで，打込み計画立案において，レディーミクストコンクリート工場から施工現場までの場外運搬，施工現場でコンクリートを受け入れた後の場内運搬，構造体コンクリートの圧縮強度や耐久性などとも関連する施工時期の養生温度などをあらかじめよく検討し，調合を定める必要がある．なお，本指針は2018年版のJASS 5を最新のデータや知見によって補足するものであり，記載のない事項はJASS 5の13節による．

5.2 調合計画上の留意事項

> a．練上がり時の目標スランプは，受入れ時の目標スランプが得られるように，場外運搬中のスランプの低下などを見込んで定める．
> b．単位水量はコンクリートに要求される性能に応じて，次の（1）（2）の条件を満たすように定める．
> 　（1）乾燥収縮が過大とならないように，原則として185kg/m³以下とする．
> 　（2）ブリーディングが過大とならないように，標準として185kg/m³以下とする．
> c．単位セメント量，水セメント比は，必要な施工性や圧縮強度などを確保できると同時に，化学混和剤の添加量が製造会社の推奨する値よりも著しく少なくならないように定める．

　a．目標スランプ21cmは，あくまでもレディーミクストコンクリート工場から施工現場までの場外運搬を終えた後の目標値である．したがって，コンクリートを練り上げたときのスランプは，より大きくすることになる．一例として，本会「コンクリートの調合設計指針・同解説」に示されている各作業工程でのスランプの例を解説図5.1に示す．コンクリートポンプの筒先でスランプ18cmのコンクリートを打つことを前提として考えると，受入れ時のコンクリートのスランプは $18+\beta$ cmとなる．今回の指針での受入れ時の目標スランプは21cmを原則としているので，βとして3cm程度の低下を見込んでいることになる．さらに，本項での練上がり時の目標スランプは，受入れ時の目標スランプに α cm程度の余裕をみて設定することになる．工事の条件によって異なるが，例えばレディーミクストコンクリート工場から施工現場までの運搬中にスランプが1cm低下すると考えるのであれば，練上がり時の目標スランプは22cmとなる．このため，練り上がった時点でコンクリートが分離傾向にならないように，細骨材率を高めに設定するなどの配慮が必要である．

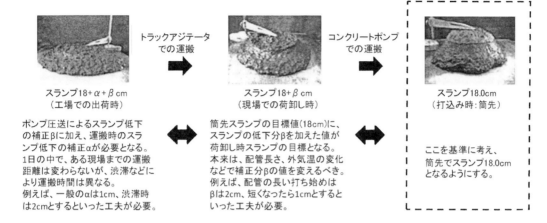

解説図 5.1 筒先でのスランプの値を基準とした場合の各作業工程でのスランプ [1]

b．単位水量はコンクリートに要求される性能に応じて，次の（1）（2）の条件を満たすように定めることとした．ただし，暑中期に打ち込んだスラブなどの部材に発生するブリーディング水の量は少なくなるため，プラスチック収縮ひび割れが発生する可能性が高くなる．そのため，必要以上に単位水量を小さくすることは避けた方がよい．

(1) 乾燥収縮が過大とならないように，原則として 185kg/m³ 以下とする．

(2) ブリーディングが過大とならないように，標準として 185kg/m³ 以下とする．

1986 年版の JASS 5 より，単位水量の増減はブリーディングや乾燥収縮の大きさに影響するとして，単位水量の上限値を設けることとしてきた．しかしながら，昨今では JASS 5 に乾燥収縮率の上限が設けられるなど，単位水量の抑制によって間接的に管理してきた性能を，直接管理するようになってきている．このような背景から，2015 年改定の「コンクリートの調合設計指針・同解説」では，単位水量に関して，原則，標準という表現を用いて規定することとしたため，本指針もこれを踏襲することとした．なお，ここでの原則とは，実験データなどで要求性能を満たすことが説明できない限り，基本的には規定に従うこととし，標準とは，一般的に使われる目安であることを意味する．

c．一般に，単位セメント量を小さくするほど，また水セメント比を高くするほど，化学混和剤の添加量は減少する傾向にある．この結果，化学混和剤の添加量が製造会社の推奨する値よりも著しく少なくなると，スランプの保持などが難しくなる．本会近畿支部では，実験結果などに基づき，推奨値以上の化学混和剤の添加量とするには，単位セメント量を 315kg/m³ 以上，水セメント比を 57％以下とすることが必要と説明している [2]．

5.3 品質基準強度,調合管理強度および調合強度

a. 品質基準強度は,設計基準強度と耐久設計基準強度から(5.1)式によって定める.

$$F_q = \max(F_c, F_d) \tag{5.1}$$

ここに,F_q:品質基準強度 (N/mm²)
　　　　F_c:設計基準強度 (N/mm²)
　　　　F_d:耐久設計基準強度 (N/mm²)
　　　max(*) は,括弧内の大きい方の値の意味である.

b. 調合管理強度は,品質基準強度と構造体強度補正値から(5.2)および(5.3)式を満足するように定める.

$$F_m = F_q + {}_mS_n \tag{5.2}$$
$$F_m \geqq F_{work} + S_{work} \tag{5.3}$$

ここに,F_m:調合管理強度 (N/mm²)
　　　　${}_mS_n$:標準養生した供試体の材齢 m 日における圧縮強度と構造体コンクリートの材齢 n 日における圧縮強度の差による構造体強度補正値 (N/mm²).ただし,${}_mS_n$は 0 以上の値とする.
　　　　F_{work}:施工上要求される材齢における構造体コンクリートの圧縮強度 (N/mm²)
　　　　S_{work}:標準養生した供試体の調合強度を定めるための基準とする材齢における圧縮強度と施工上要求される材齢における構造体コンクリートの圧縮強度との差 (N/mm²)
　　　　σ:使用するコンクリートの圧縮強度の標準偏差 (N/mm²)

c. 調合強度は,標準養生した供試体の材齢 m 日における圧縮強度で表すものとし,(5.4)式および(5.5)式を満足するように定める.調合強度を定める材齢 m 日は,原則として 28 日とする.

$$F \geqq F_m + 1.73\sigma \text{ (N/mm}^2\text{)} \tag{5.4}$$
$$F \geqq 0.85F_m + 3\sigma \text{ (N/mm}^2\text{)} \tag{5.5}$$

ここに,F:コンクリートの調合強度 (N/mm²)
　　　　F_m:コンクリートの調合管理強度 (N/mm²)
　　　　σ:使用するコンクリートの圧縮強度の標準偏差 (N/mm²)

d. 構造体強度補正値 ${}_mS_n$ は,m を 28 日,n を 91 日とし,表 5.1 によりセメントの種類に応じて定めることを原則とする.

表 5.1 構造体強度補正値 ${}_{28}S_{91}$ の標準値

セメントの種類	構造体強度補正値 ${}_{28}S_{91}$ (N/mm²)
早強ポルトランドセメント 普通ポルトランドセメント 高炉セメントB種	6
中庸熱ポルトランドセメント フライアッシュセメントB種	3
低熱ポルトランドセメント	0

e. 使用するコンクリートの圧縮強度の標準偏差 σ は,レディーミクストコンクリート工場の実績を基に定める.実績がない場合は,2.5 N/mm² または 0.1F_m の大きいほうの値とする.

　a.c.e. 品質基準強度,調合強度,標準偏差の考え方は,JASS 5 による.

　b. 調合管理強度の考え方も,基本的には JASS 5 と同様である.ただし,2015 年版「コンクリートの調合設計指針・同解説」において,JASS 5 で文章で示している施工上必要な材齢において必要な強度を満足するように調合するという考え方を(5.3)式のように示す試みをしたので,本指針

もそれを踏襲する形とした.

施工上必要な材齢において必要な強度とは，例えば，コンクリートを打ち込んだスラブの上に，材齢14～21日程度の比較的早い材齢で車両などを乗せざるを得ないときなどに検討する強度である．実際の施工現場では，あらかじめ他の工区を施工する同じ製造工場のコンクリートの強度発現性などを確認し，そのデータを基に，少し高めの呼び強度で発注するような対応をとることが多い．このような対応を調合段階で考えるとすれば，(5.3)式のような考え方になる．(5.3)式の中で，F_{work}は施工上必要な材齢における目標強度となる．例えば，計算上，材齢14日でスラブの上に車両が乗るために15N/mm²必要であれば，F_{work}は15N/mm²となる．S_{work}はこの条件を調合強度に組み込むための構造体強度補正値で，例えばこのケースで材齢28日の標準養生圧縮強度を基準として調合するとすれば，S_{work}は$_{28}S_{14}$となる．このとき，品質基準強度に基づく本来の構造体コンクリート強度の強度発現よりも，材齢14日で15N/mm²という設定のほうが厳しい条件であれば，調合強度は高めの値となる．この結果，実際の施工現場で少し高めの呼び強度で発注するようなコンクリートを調合できることになる．

d．構造体強度補正値$_mS_n$は，mを28日，nを91日とし，表5.1によりセメントの種類に応じて定めることを原則とした．ただし，表5.1に示した暑中期の構造体強度補正値$_{28}S_{91}$のうち，フライアッシュセメントB種は，夏期の構造体強度補正値が小さくなるという最新の知見などを基に，構造体強度補正値$_{28}S_{91}$の標準値を3N/mm²小さくした．解説図5.2はそのような傾向を説明する実験データの一例であるが，フライアッシュを用いたコンクリートの暑中期における構造体コンクリート強度の発現性状では，材齢28日における標準養生供試体（図中では管理用供試体）の圧縮強度は，材齢91日における構造体コンクリート強度（コア強度）を下回ることがわかる．また，解説図5.3は，フライアッシュセメントB種を用いたコンクリートにおける材齢28日までの平均気温または平均養生温度と，コンクリートの構造体強度補正値$_{28}S_{91}$もしくは$_{28}SM_{91}$の関係を示したものである．これによると，夏期の構造体強度補正値は，JASS 5の標準値を3N/mm²小さくできることがわかる．

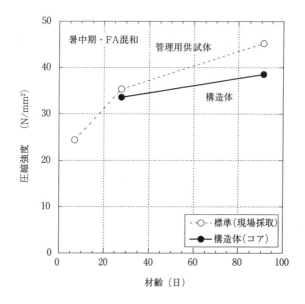

解説図 5.2 フライアッシュを用いたコンクリートの暑中期における構造体コンクリート強度の発現性状[3]

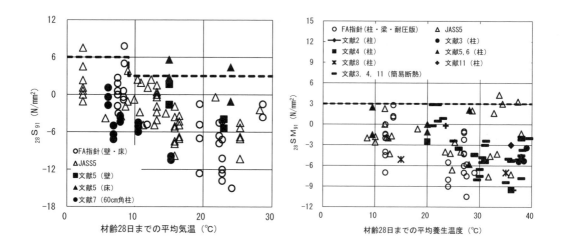

解説図 5.3 フライアッシュセメントB種を用いたコンクリートの構造体強度補正値 $_{28}S_{91}$・$_{28}SM_{91}$[4]

5.4 試し練り

> 室内における試し練りは,コンクリートの温度が高温になることにも配慮して行う.

　暑中コンクリート工事を想定したコンクリートの試し練りは,実際の環境にできるだけ近い条件下で行うことが望ましいが,試験室等においては困難な場合も少なくない.本会近畿支部「暑中コンクリート工事における対策マニュアル」[2]では,酷暑期のような条件でのコンクリートについて,次のような 20℃環境でできる性能確認方法を示している.なお,実際の打込みでの外気温が 35℃を超えると想定される場合には,これとは別に,施工計画の段階で,実機による製造・施工試験などを行うことが望ましい.

　①スランプの経時変化

　20℃環境下における試し練りを実施し,スランプの経時変化を確認する.静置状態で 60 分経過後のスランプの低下量が 6cm 以下であれば,化学混和剤のスランプ保持性能を十分に満足できる調合であると判断する.この値は,JIS A 6204(コンクリート用化学混和剤)における高性能 AE 減水剤を用いたコンクリートのスランプの経時変化量の規定を参考としている.

　②凝結性状

　20℃環境下における試し練りを実施し,凝結試験によって貫入抵抗値が 0.5N/mm² に達した時間を計測する.ここで,20℃の雰囲気と 38℃の雰囲気では凝結特性が異なるため,計測値を(解 5.1)式によって補正する.(解 5.1)式は,解説図 5.4 を基に作られた実験式である.この補正で得られた 38℃環境下で貫入抵抗値が 0.5N/mm² になる時間(T_{38})が 3.5 時間以上となれば,高温下での打ち重ねに対応できる調合であると判断する.

$$T_{38} = 0.65 \times T_{20} \qquad \text{(解 5.1)}$$

ここで,
　　T_{38}:38℃の環境下で,貫入抵抗値が 0.5N/mm² になる時間
　　T_{20}:20℃の環境下で,貫入抵抗値が 0.5N/mm² になる時間

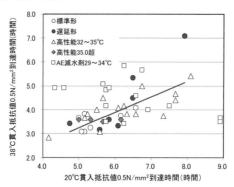

解説図 5.4 20℃環境下と 38℃環境下の貫入抵抗値 0.5N/mm² 到達時間の関係[2]

参 考 文 献

1) 日本建築学会：コンクリートの調合設計指針・同解説，p.148，2015
2) 日本建築学会近畿支部：暑中コンクリート工事における対策マニュアル　2018，5章　pp.7-9，2019.1
3) 小山智幸ほか：暑中環境で施工される構造体コンクリートの品質管理に関する研究　その6 柱試験体の強度性状，日本建築学会九州支部研究報告，第52号，pp.201-204，2013.3
4) 船本憲治，鄒林琳：フライアッシュセメントB種・C種相当を使用したコンクリートの構造体強度補正値（S値・SM値）に関する検討，日本建築学会九州支部研究報告，第58号，pp.5-8，2019.3

6章　発注・製造・運搬および受入れ

6.1　総　　則

> 暑中期に施工されるコンクリートの発注，製造工場における材料の貯蔵・計量，練混ぜ，工事現場までの運搬および現場での受入れにあたっては，練上がり温度の上昇に伴う品質の変動と運搬中のワーカビリティーの低下に十分に配慮し，対策を講じる．

　暑中期に製造・運搬されるコンクリートの問題点は，練上がり温度の上昇に伴う品質の変動と運搬中のワーカビリティーの低下である．

　したがって，暑中期に施工されるコンクリートでは，外気温が高いことおよび直射日光に起因する諸々の品質変動の要因に対して，適切な対策を講じる必要がある．また，コンクリートのワーカビリティーの変化と温度上昇をできるだけ小さくして，安定した施工性と硬化後の品質を確保するように，発注・製造・運搬および受入れを行うことが重要である．

　品質の確保のためには，これ以外にも，工事現場の品質管理責任者と製造工場の品質管理担当者との密接な連携・調整はもちろんのこと，コンクリート材料（セメント，骨材，混和材料など）の供給業者，工場の品質試験担当者，製造オペレータ，トラックアジテータの運転手，受入検査担当者などの関係者全員に対して，それぞれの立場で品質確保に貢献する大切さを認識させることが重要である．

6.2　レディーミクストコンクリートの発注

> a．レディーミクストコンクリートの発注にあたっては，運搬時間，暑中対策用設備の有無などを調査し，受入れ時に所要の品質が確保できる工場を選定する．
> b．暑中期に施工されるコンクリートの発注においては，受入れ時のコンクリートの最高温度を想定し，実施可能な温度低減対策を含めて，事前に生産者と協議し，必要な事項を指定する．

　a．JASS 5.7.4.c では，外気温が 25℃以上の場合のコンクリートの練混ぜから打込み終了までの時間の限度は 90 分と規定している．また，コンクリートの場内運搬時間を 30 分と仮定すると，レディーミクストコンクリート工場は，荷卸し地点までの運搬に要する時間が 60 分以内の工場を選定する必要がある．

　ただし，運搬時間はその時の交通事情によって，打込み終了までの時間は施工上のさまざまな要因によって変動する．このため，通常時の運搬時間が 60 分以内であっても，トラックアジテータからコンクリートの排出を始めるまでの時間あるいは打込み終了までの時間が限度を超える可能性はある．都市部の現場を対象に行ったデリバリーシート（打込時間管理表）の調査結果[1]を基に，運搬時間や待ち時間および打込み時間の関係を検討した例を解説図 6.2.1 および解説図 6.2.2 に示

す．解説図 6.2.1 によると，運搬時間が長くなるほど，総時間（出荷から打込み終了までの時間）も長くなる傾向にあり，運搬時間の平均が 60 分の場合の総時間の平均は約 80 分を超えることがわかる．ばらつきを考慮した場合には，解説図 6.2.2 の結果を踏まえて考える必要がある．解説図 6.2.3 のように，総時間のばらつきを正規分布と仮定し，95%の確率で総時間が 90 分となる総時間の平均値を求めると約 66 分となり，その時の運搬時間の平均値は約 42 分となる（解説表 6.2.1）．つまり，一つの目安として，建築現場までの運搬時間の平均が，これより短い工場を選定する必要がある．

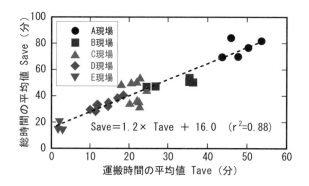

解説図 6.2.1　運搬時間の平均値と総時間の平均値との関係[1]

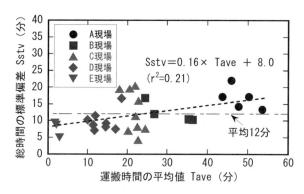

解説図 6.2.2　運搬時間の平均値と総時間の標準偏差の関係[1]

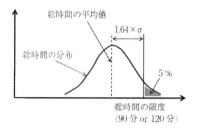

解説図 6.2.3　総時間分布の仮定[1]

解説表 6.2.1 試算結果の一覧[1]

	時間限度 120 分 (外気温 25℃未満)	時間限度 90 分 (外気温 25℃以上)
総時間の平均値	90.6 分	66.0 分
総時間の標準偏差	18.0 分	14.7 分
運搬時間の平均値	62.2 分	41.7 分
運搬時間の最小値	46.4 分	30.6 分

　また，レディーミクストコンクリート工場における暑中対策用設備としては，コンクリートの練上がり温度を低減するための設備と製造・運搬中にコンクリート温度が上昇しないような設備の2つがある．コンクリートの練上がり温度を下げるためには，水，骨材などの温度を下げるのが最も有効であるが，そうした冷却設備を設けることは，敷地条件や経済状況から多くのレディーミクストコンクリート工場では困難である．しかし，材料の貯蔵槽・搬送設備およびミキサなどの製造設備やトラックアジテータは，次のような比較的簡単な対策により，コンクリート温度が上昇しないようにすることができるので，工場の選定にあたっては参考にするとよい．

(1) 全般的対策　① 設備・トラックアジテータのドラムの表面に白色や銀色のペンキや遮熱塗料を塗る．
　　　　　　　② コンクリートプラント内部の通風をよくする．
　　　　　　　③ 設備・トラックアジテータのドラムの表面を断熱材で覆う．
(2) 個別対策　　① 送水管は極力埋設する．
　　　　　　　② ベルトコンベヤに覆いをかける．
　　　　　　　③ セメントサイロに日除けを設ける．
　　　　　　　④ 貯水槽，濁水処理プラント，回収水貯蔵槽に覆いをかける．
　　　　　　　⑤ トラックアジテータのドラムに散水して冷却する．

　解説図 6.2.4 は，水和熱・日射・熱伝達を考慮した運搬中のコンクリート温度のシミュレーション結果の一例[2]であるが，運搬中や待機中の温度上昇を防ぐためには，トラックアジテータのドラム表面の日射の反射率を高めることが有効であることがわかる．

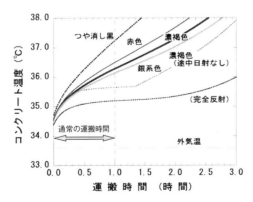

解説図 6.2.4　運搬中のコンクリート温度解析結果の一例[2]

トラックアジテータのドラム内のコンクリート温度の上昇量は日射量によって異なる．日射量 1MJ/m² あたりの温度上昇量により，各種遮熱・断熱対策の効果の比較を行った結果を解説図 6.2.5 に示す[3]．この図は，実出荷における対策ごとに 9〜69 のデータの平均値より計算したものである．ベース白・ベージュ，ベース青およびベース薄緑は，ベース車の一般的な塗装の比較であり，青の温度上昇量が突出していることがわかる．また，塗装白，塗装青および塗装薄紫は遮熱塗装したものの比較であるが，遮熱塗装の効果は認められるものの，色の影響の方が卓越することがわかる．一方，カバー白やカバー薄緑（散水）の平均温度上昇量は小さくなっており，カバーや散水には一定の効果があることがわかる．

なお．原子力発電所建設などを対象とした特殊な事例として，チラーによる冷水使用の例，氷（フレークアイス）と冷水の併用使用の例，液体窒素による冷却の例などがある．また，東南アジアなどの海外では，氷の使用や夜間のコンクリート製造が一般的に行われている．

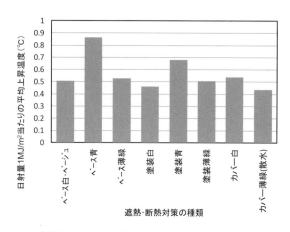

解説図 6.2.5 日射量 1MJ/m² あたりの温度上昇量

b．全国のレディーミクストコンクリート工場を対象に行った，暑中期のコンクリート温度に関するアンケート調査結果の一部を解説図 6.2.6 に示す[4]．図は，各工場における 8 月の日最高気温と，出荷時・荷卸し時のコンクリートの日最高温度を分布として表示したものであり，凡例の【　】内の数字は，8 月のそれぞれの日最高温度の平均値である．8 月の出荷時の日最高温度の平均値は 31℃，最大値は 37℃，荷卸時の日最高温度の平均値は 32℃，最大値は 38℃となっており，複数の工場で荷卸し時のコンクリート温度が 35℃を上回っているという実態がわかる．

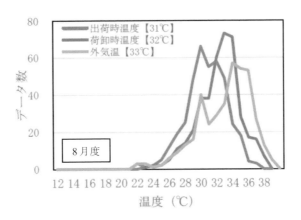

解説図 6.2.6 外気温と出荷時・荷卸し時の温度（アンケート結果）[4]

　解説図 6.2.7 は，（一財）日本建築総合試験所が毎年発行している工事用材料試験結果の集計のうち，2015〜2017 年度に試験研究センターで行った標準養生材齢 28 日の圧縮強度の推移（打込み月ごとの平均値）をまとめたものである [5]〜[7]．全体的な傾向として，セメント種類によらず，暑中期のコンクリート強度が低く，寒中期のコンクリート強度が高くなっていることがわかる．つまり，練上がりのコンクリート温度が高い暑中期には，寒中・標準期のコンクリートと比べて，圧縮強度が低下する傾向にある．また，暑中期のコンクリートは，練上がり時のスランプも小さくなる傾向がある．このため，AE 減水剤コンクリートでは，水セメント比を 2%程度減じ，単位水量を 3kg/m^3 程度増やす夏期配合を採用することも行われており，暑中期に施工されるコンクリートの対策として有効である．

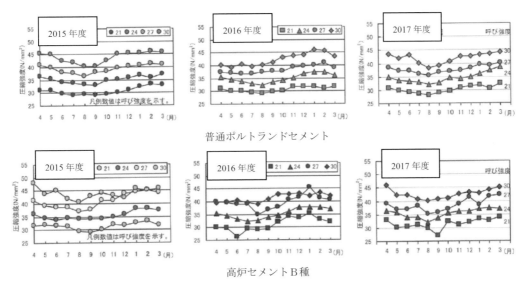

解説図 6.2.7 圧縮強度の平均値の推移（打込み月ごとの平均値）[5]〜[7]

6.3 製造管理

> a．コンクリートの練上がり温度は，荷卸し時に所定のコンクリート温度が得られるように，気象条件や運搬時間を考慮して定める．
> b．セメント，骨材および水はできるだけ低い温度のものを用いる．
> c．コンクリートの製造および出荷から荷卸しまでの運搬においては，荷卸し時に所定の品質のコンクリートが得られるように，品質変動および温度上昇をできるだけ小さくする．

a． 受入れ時のコンクリート温度は 35 ℃以下（酷暑期においては 38℃以下）を原則とすると規定しているが，コンクリートの練上がり温度に関しては特に上限値を定めず，外気温や運搬時間を考慮した上で，荷卸し時のコンクリート温度の規定を守れるように温度管理を行えばよい．ただし，練上がり温度が上昇し運搬中のコンクリート温度が高くなると，スランプの低下や空気量の低下が大きくなる．したがって，練上がり温度は可能な限り低くしなければならない．

（解 6.3.1）式は，練上がり時または荷卸し時のコンクリートの温度を算出するものである．

$$\theta(t) = (\theta_0 - \theta_r + \beta) \cdot \exp(-\alpha t) + \theta_r \tag{解 6.3.1}$$

ここに，$\theta(t)$：練上がり時または荷卸し時のコンクリート温度（℃）
　　　　θ_0：（解 6.3.2）式で求められる温度（℃）
　　　　θ_r：運搬時の外気温（℃）
　　　　α：外気とコンクリートとの熱の伝達の割合を表す係数（1/時間）
　　　　β：セメントの水和熱および材料間の摩擦熱による温度上昇量（℃）
　　　　t：運搬時間（時間）

ここに，
$$\theta_0 = \frac{\alpha_c \theta_c W_c + \alpha_a \theta_a W_a + \alpha_m \theta_m W_m}{\alpha_c W_c + \alpha_a W_a + \alpha_m W_m} \tag{解 6.3.2}$$

W_c，θ_c，α_c：セメントの質量(kg)，温度(℃)，比熱(0.836kJ/kg·K)
W_a，θ_a，α_a：骨材の質量(kg)，温度(℃)，下式による含水状態での骨材の比熱(kJ/kg·K)
W_m，θ_m，α_m：水の質量(kg)，温度(℃)，比熱(4.18kJ/kg·K)

$$\alpha_a = \frac{\alpha_{a0} + \alpha_m \mu_a + \alpha_m f_a(1 + \mu_a)}{(1 + f_a)(1 + \mu_a)}$$

　　α_{a0}：絶乾状態の骨材の比熱(0.836kJ/kg·K)
　　μ_a：骨材の吸水率(%)×1/100
　　f_a：骨材の表面水率(%)×1/100

（解 6.3.1）式に示すコンクリート温度推定式は，練上がり後，トラックアジテータなどで運搬されるコンクリート温度の単位時間あたりの変化量が，外気温とコンクリート温度との差に比例すると仮定した式により求めたものである．（解 6.3.1）式による推定値は，解説図 6.3.1 に示した標準

的なコンクリートを用いて行った室内実験の結果とよく一致していることがわかる[8]．

練上がり温度は，(解6.3.1)式において運搬時間 t=0 として，$\theta_0(0) = \theta_0 + \beta$ から求められる．$\theta_0(0)$ 中の θ_0 は，1993 年版 JASS 5 に規定されていた推定式により求められる練上がり温度であるが，同解説にも示されていたように，実際の練上がり温度は，セメントの加水直後の水和熱や機械的に生じる熱が加算されるため，推定値よりも若干高い値になる．暑中期に施工されるコンクリートではこの値が無視できないため，β によりこれらの影響を考慮した．β の値はコンクリートミキサの種類や調合，特に解説図 6.3.2 に示すように練混ぜ時間によって変化する．この値は，各レディーミクストコンクリート工場において，調合ごとに実験的に定めておけば，精度良く練上がり温度を推定できる．練混ぜ時間が1分程度以下の一般的なコンクリートでは，解説図 6.3.2 に示すように，2℃程度の値を用いればよい[10]．

荷卸し時のコンクリート温度は，練上がり温度を基準として，外気温の高低および運搬時間を考慮して推定する．外気温は運搬中に変化するが，運搬開始時の値が継続するとして算定してよい．ただし，厳密には θ_r は，運搬時の外気温に直射日光やトラックアジテータのドラム内の発生熱を考慮した，いわゆる相当外気温であり，外気温よりも高い値となる．特に，晴天時にコンクリートを運搬する場合は，θ_r は外気温よりも高い値を使用することが必要である．実機実験の測定例は多くないが，本指針改定のために行った実験では，外気温よりも 0〜2.6℃程度高い値が得られている．

(解6.3.1)式中の係数 α は，運搬中のコンクリートと外気との熱伝達の割合によって決まる値で，トラックアジテータの種類や積載可能容量と積載量の関係，さらにはコンクリートのスランプ値によって変化する．実験室内での結果では，係数 α は 0.3〜0.9 の値を示し，積載可能容量に対する積載量の割合が少なく，また，運搬されるコンクリートのスランプが小さいほど，係数 α は大きくなる傾向を示している．この値についても各工場において，実験的に定めておくことが望ましい．実機実験の測定例は多くないが，0.4〜2.6 程度の値が得られている[10]．

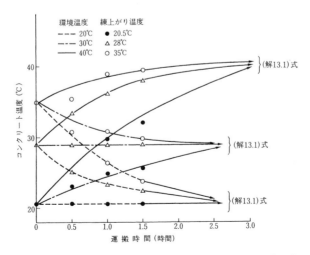

解説図 6.3.1 各種環境下における運搬中のコンクリート温度の変化[8]

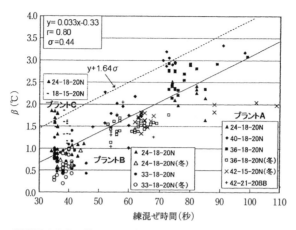

解説図 6.3.2 (解 6.3.1)式中の β に及ぼす練混ぜ時間の影響[9]

b. セメントの温度が 8℃ 高いと，コンクリート温度は約 1℃ 高くなる．暑中環境下におけるレディーミクストコンクリート工場におけるセメントの温度は，解説図 6.3.3 に示すように，セメント納入経路の違いや地域によって差はあるが，最高温度約 70℃，最低温度約 30℃，平均温度約 50℃ となっている〔詳細は巻末の資料 4 参照〕．セメントの温度が高くなる場合には，入荷後，セメントサイロ内に一定期間放置して温度を下げる，遮熱塗料や遮熱ネットを施しセメントサイロを遮熱する，直射日光のない夜間に運搬を行うなど，冷却効果の期待できるいくつかの措置を組み合わせて講じることが望まれる．

骨材は，コンクリート $1m^3$ 中に占める使用量が最も多いので，骨材温度はコンクリートの練上がり温度に大きく影響し，骨材の温度が 2℃ 高いと，コンクリート温度は約 1℃ 高くなる．解説図 6.3.4 および解説図 6.3.5 は，暑中期における骨材温度を示したものである〔詳細は巻末の資料 4 参照〕．測定方法の若干の違いもあるが，前回報告された 1989 年のそれと比較すると，骨材温度が上昇していることがわかる．貯蔵時の骨材の温度上昇を防ぐには，貯蔵設備に上屋を設けるなどの措置がよいとされているが，解説図 6.3.6 にあるとおり，全国のほとんどのレディーミクストコンクリート工場の骨材貯蔵設備に上屋が設置されており，昨今の骨材温度の上昇はこれらの対策による効果を上回る外気温の上昇が影響していると考えられる．貯蔵時の骨材の温度上昇を防ぐには，貯蔵設備の上屋設置のほか散水などの措置が有効とされており，とりわけ粗骨材の散水は，特に大気中の湿度が低い場合には，解説図 6.3.7 に示すように，蒸発潜熱によりその効果は大きいとされている[13]．しかし，細骨材への散水は冷却効果が少なく，また，表面水の管理が難しくなる．

水は比熱がセメントや骨材の 4～5 倍であるので，練上がり温度に対する水温の影響は，使用量の割に大きく，練混ぜ水が 4℃ 高いと，コンクリート温度は約 1℃ 高くなる．また，水は温度管理が比較的容易な材料であるので，コンクリートの練上がり温度を低くするには，温度の低い水を用いることが最も実用的である．レディーミクストコンクリート工場での暑中期の練混ぜ水の温度を解説図 6.3.8 に示す〔詳細は巻末の資料 4 参照〕．図に示されている地下水の温度は，練混ぜ水平均に

対して5～8℃程低く，使用可能な工場は，地下水を利用することは有効な対策といえる．地下水を使用できない工場やさらなる対策を必要とする場合は，チラーまたは氷などを用いて温度を下げるようにする．氷を用いて水を冷却する場合には，打込み時に氷塊が残らないように注意しなければならない．氷を直接投入して練り混ぜる場合には，砕氷機などを用いて氷をチップ状にして用いるとよい．冷却された水を蓄えるタンクや送水管は，直射日光を避けて断熱材や濡れた布で覆うか，遮熱塗装などを施し，温度上昇を防ぐ．この措置は，トラックアジテータのドラムやコンクリートを圧送する際の輸送管などにも適用される．

なお，貯水槽が直射日光にさらされると水温が上昇するため，対策としては，遮光ネットを取り付けたり，地下に設けたりすることが考えられる．また，上澄水や回収水を使用する工場では，濁水処理プラントおよび回収水貯蔵槽などにも，同様の対策が必要である．

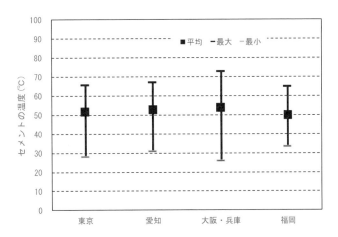

解説図 6.3.3 レディーミクストコンクリート工場における暑中期のセメントの温度

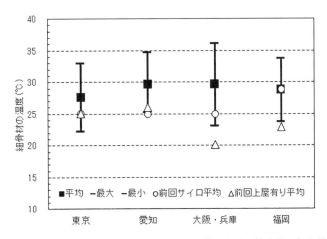

解説図 6.3.4 レディーミクストコンクリート工場における暑中期の細骨材の温度

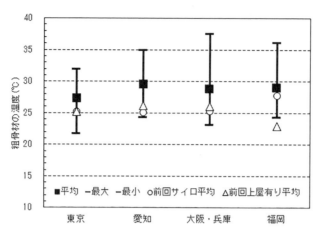

解説図 6.3.5　レディーミクストコンクリート工場における暑中期の粗骨材の温度

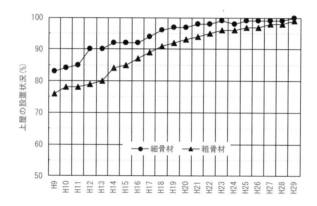

解説図 6.3.6　レディーミクストコンクリート工場における上屋の設置状況 [11]

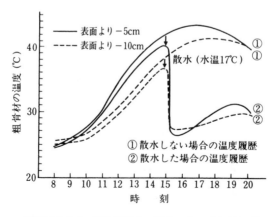

解説図 6.3.7　粗骨材温度の散水による冷却効果 [12]

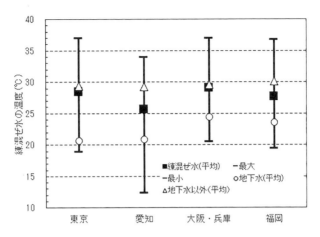

解説図 6.3.8 レディーミクストコンクリート工場における暑中期の練混ぜ水の温度

6.4 運　搬

> トラックアジテータによる運搬計画は，製造から排出まで遅滞なく行われるように，生産者と協議して定める．

　コンクリートのトラックアジテータによる運搬の基本は，コンクリートの温度上昇が小さくなるように，また品質の変化ができるだけ小さくなるように計画することにある．実施可能な対策については事前に計画し，確実に実施することが大切である．

　運搬計画は，レディーミクストコンクリート工場から現場までの距離，運搬時間，交通状況（月別，曜日別，時間帯別など），打込み量，打込み順序，トラックアジテータの出荷台数，1台あたりの積載量および天候・気温などについて事前に調査・検討した上で立案することが重要である．また，外気温の比較的低い午前中に打込みを完了させるような計画を立てることも一案と考えられる．コンクリートの早朝出荷も，レディーミクストコンクリート工場と近隣の了解を得ることができれば，検討する価値がある．

　また，運搬時間や待機時間など打込みまでの時間が長くなるとワーカビリティーが低下しやすいだけでなく，コンクリート温度の上昇量が大きくなる．この結果，打込み温度が35℃を超えるような場合も多くなることが予想される．かなりの温度上昇が予想されるような場合は，3章で述べた練上がり温度を低く抑える対策を入念に行うことが必要である．また，長時間運搬をなくすように運搬計画を立てることも重要である．

　積み込む直前のトラックアジテータのドラムは，工場内で待機している間に，外気温および直射日光により熱せられている可能性がある．温度が低くなるように管理したコンクリートは，低いままに現場まで運搬することが肝心であるので，極力ドラムが熱せられることのないように配慮するとともに，熱せられたドラムについては，必要に応じてドラム内を水で冷やしたり，外周面に散水したりして，冷却するとよい．

6.5 受入れ

> トラックアジテータからコンクリートを排出するまでの待機時間が長くならないように受入れ計画を立案する．待機時間が長くなることが予想される場合は，トラックアジテータの日陰駐車やトラックアジテータのドラムへの散水などの温度上昇抑制対策を計画する．

解説図 6.5.1 に，デリバリーシートによる調査例のうち，運搬時間の平均値と待機時間の平均値の関係を示す[1]．運搬時間が長くなるほど，待機時間も長くなる傾向は認められるが，相関関係はあまり高くない．待機時間は運搬時間だけでなく，渋滞の頻度や現場固有の条件に左右されるためと考えられる．待機場所がない B 現場では，現場とプラントとの連絡が緊密になされ，待機場所がある C 現場より待機時間は全体に短くなった．つまり，トラックアジテータの待機時間が長くならないようにするには，コンクリート打込み管理表を作成し，打込み計画と実際の打込み量を管理して，工場と連絡をとりながら打込み量，打込み速度，出荷量の調整を行うことが重要である．

待機時間が長くなることが予想される場合は，待機時間中のコンクリート温度の上昇を最小限に抑えるために，トラックアジテータを日陰に駐車させたり，トラックアジテータのドラムへ散水したりするための場所の確保および給水設備の準備などが必要である．

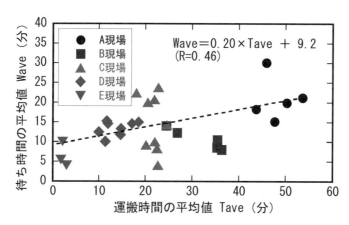

解説図 6.5.1 運搬時間の平均値と待ち時間の平均値の関係[1]

参 考 文 献

1) 黒田泰弘ほか：建築工事用レディーミクストコンクリートの実態調査, コンクリート工学, Vol.51, No.10, pp.792-800, 2013.10
2) 大川裕ほか：暑中コンクリートの運搬中の温度上昇に関する研究 運搬時における簡易な温度解析手法の検討, 日本建築学会大会学術講演梗概集, pp.627-628, 2013.8
3) 鈴木峰人ほか：暑中期における運搬車の遮熱・断熱対策がコンクリート温度の上昇に及ぼす影響 その 9 対策車における温度上昇の抑制効果の検証, 日本建築学会大会学術講演梗概集, pp.499-450, 2017
4) 全国生コンクリート工業連合会：暑中期のコンクリート温度に関する調査研究(平成 29 年度セメント協会委託研究), 2018.3
5) GBRC Vol.41, No.3, pp.33-36, 2016
6) GBRC Vol.42, No.3, pp.25-28, 2017
7) GBRC Vol.43, No.3, pp.22-25, 2018

8) 松藤泰典ほか：暑中環境下で製造・施工されるコンクリートの強度性状に関する実験的研究，コンクリート工学年次論文報告集，第 10 巻，第 2 号，pp. 277-280，1988
9) 米谷裕希ほか：暑中コンクリートの温度推定式に関する研究　推定式中の係数 β に関する実機実験 4，日本建築学会大会学術講演梗概集，pp. 625-626，2013.8
10) 大川裕ほか：暑中コンクリートの運搬中の温度上昇に関する研究　その 10　推定式中の α，θr に関する実機実験，日本建築学会九州支部研究報告，第 53 号，pp. 9-12，2014.3
11) 全国生コンクリート品質監査会議：平成 29 年度全国統一品質管理監査結果報告書より作図
12) 鈴木忠彦：海外における暑中コンクリートの施工，コンクリート工学，Vol.22，No.3，1989

7章　打込み計画

7.1　総　　則

> 暑中期におけるコンクリートの打込み計画では，コンクリートの性状の変化や作業能率の低下に十分に配慮し，構造体コンクリートの品質が確保されるように，必要な事項を定める．特に酷暑期においては，より入念な配慮を行う．

　暑中期に施工されるコンクリートにおける初期欠陥として，スランプの低下に起因する充填不良，凝結硬化の促進に伴う打重ね部のコールドジョイントおよびコンクリート表面の不具合（プラスチック収縮ひび割れや精度不良）などが想定され，酷暑期においてそのリスクはさらに高まる．これらを回避するためには，高温環境であることに起因するコンクリートの性状の変化に配慮して，打込み計画書を作成し，それらに基づいた打込みを実施することが大切である．

　特に，暑中環境では体力を消耗しやすく，注意力が散漫になり，作業能率が低下しやすいので，事前にこれらを十分に考慮した暑中対策を立て，少なくとも前日までに，打込み計画書を作成することが必要である．打込み計画に必要な事項として，次の(1)～(11)に示すようなものがある．

(1) 打込み当日の気象条件の把握（温度，湿度，天候など）
(2) コンクリートの購入計画と発注（コンクリート種類，混和剤の種類，呼び強度，スランプ，数量など）
(3) フレッシュコンクリートの試験項目，コンクリート温度の上限値
(4) 圧縮強度試験用供試体の採取頻度，本数，養生方法
(5) 打込み区画，打込み量および作業予定時間（レディーミクストコンクリート工場との連絡を含む）
(6) 打込み体制：打込み時間，作業分担と必要な配員数など
(7) 運搬方法：運搬機器と時間あたりの打込み速度
(8) 打込みポイントの具体化
(9) 打継ぎ位置，打継ぎ方法など
(10) 打込み後の仕上げおよび養生方法
(11) 天候急変などの緊急時対策

7.2　打込み計画策定の基本原則

> a．構造物の要求品質・全体の工事工程・施工の難易度・コンクリート供給量・労務事情および酷暑期に該当するかどうかなどを考慮して，打込み計画を策定する．
> b．暑中コンクリート工事において発生する可能性のある「わるさ」の洗い出しとその対策を事前検討し，計画書に反映させる．

> c．コンクリートの打込み作業を円滑に進めるために，工事の指揮・命令系統と役割分担を明確にした施工管理体制を定める．

a．打込み計画は，設計図書などに指示された事項（設計基準強度，品質基準強度，スランプ，空気量，単位水量，暑中・酷暑期の適用時期，打継ぎ位置，仕上げ種類，養生方法など）を確認し，それを満足させるように計画する．また，全体の工事工程，施工の難易度，コンクリート供給量および労務事情はコンクリート工事の進捗に多大な影響を及ぼすので，これらの情報をしっかり把握して検討する必要がある．

b．暑中コンクリートの工事にあたっての悪さとその対策は，事前に検討することが重要である．工事関係者間で事前検討することによって，工事内容，施工方法，養生方法などの情報の共有化が図られ，良好なチームワークが作られ，工事が円滑に進められる．施工中にコンクリート温度が上がらないようにすること，施工後の水平部材に対してはすみやかに湿潤養生を行うことが大切である．面積が広い場合には，工区分けを適切に行って対応する計画とする．打込み計画書の作成にあたっては，次の (1) 〜 (6) のような点に留意する．

(1) コンクリートの発注

仕上げや打重ねにも配慮し，無理のない時間あたりの購入量を決め，レディーミクストコンクリート工場に発注する．トラックアジテータの配車ピッチは，1 日の打込み部位や箇所ごとに細かく設定する．配車ピッチを長くすることが必要となるのは，①水平打ちなど配管の段取替えが多くなる場合，②階高が高い場合，③トラックアジテータが 1 台付けの場合，④トラックアジテータが小型車の場合，⑤スランプが小さい場合（打込み量の目安はスランプ 18cm で 30〜35m^3/h，15cm では 20〜25m^3/h 程度），⑥吹出し部や階段の場合，⑦複雑な部材形状の場合，⑧過密配筋の場合，⑨スリット部の場合などである．

(2) 打込み区画，打込み量

充填不良やコールドジョイントなどの施工不具合が発生しないように，打込み部位や箇所，許容打重ね時間間隔（120 分以内）に配慮した計画とする．1 回の打込み量の目安としては，コンクリートポンプ 1 台につき 1 日あたり 200〜250m^3 程度，コンクリートの吐出量は，スランプ 18cm 程度の建築用コンクリートの場合は 30〜35m^3/h 程度を標準と考えるのがよい．

なお，施工条件などから許容打重ね時間間隔内に打ち込めない場合でも，解説表 7.2.1 の貫入抵抗値が 0.5N/mm^2 に達する時間の目安[1]より，4 時間以上となる条件では，許容打重ね時間間隔の限度を延長することも可能である．高性能 AE 減水剤の遅延形を使用していることが条件になる．

(3) 日射への対策

コンクリートポンプなどコンクリートの運搬機器は，可能な限り直射日光を避けるよう日陰に設置できる計画とし，ポンプ根元からブーム先端までの輸送管（解説写真 7.2.1），地上配管部，打込み階の水平管などについては，遮熱・断熱カバー等で覆うなどして直射日光を避ける（施工安全性にも有効）こともコンクリートの温度上昇の抑制に有効な対策と考えられる．特に酷暑期においては，こうした対応が不可欠である．

解説表 7.2.1 貫入抵抗値が $0.5N/mm^2$ に達する時間の目安[1]

呼び強度	スランプ	混和剤	標準形（-S） ～25℃	25℃～35℃	35℃～38℃	遅延形（-R） 25℃～35℃	35℃～38℃
24	15cm	AE	○	△	×	○	△
24	18cm	SP	○	△	×	○	△
24	21cm	SP	○	△	×	◎	○
30	18cm	SP	○	△	×	◎	◎
30	21cm	SP	○	△	△	◎	◎
36	18cm	SP	○	△	×	◎	◎
36	21cm	SP	○	○	△	◎	◎
45	18cm	SP	○	○	△	◎	○
45	21cm	SP	○	○	○	◎	◎

貫入抵抗値が $0.5N/mm^2$ に達する時間の目安
- ×：3時間以下
- △：3時間程度
- ○：3.5時間
- ◎：4時間以上

解説写真 7.2.1 ポンプ車の輸送管保護の例[1]

(4) 打込み後の床仕上げおよび養生方法

暑中期はコンクリートの凝結硬化が速くなるため，床押えを開始するタイミングが早くなるだけでなく，作業に適した時間が短くなる点に留意する必要がある．床面積が大きい場合には，作業時間の短縮が可能で，作業効率の良いハンドトロウェルや騎乗式トロウェルの適用を考える．なお，騎乗式トロウェルによる押えのタイミングは，従来の床押え（貫入抵抗値 $0.3～1.0N/mm^2$）よりも遅く，凝結の始発時間（貫入抵抗値 $3.5N/mm^2$）となる[2]．

湿潤養生は，水平部材においてはブリーディングが終了した時点（床仕上げが必要な場合は終了した時点）から開始し，所定の養生期間まで継続して行う．

養生剤の散布〔解説写真 7.2.2〕，打込み時および仕上げ時の風よけ〔解説写真 7.2.3〕，仕上げ後のスラブ面への打込み当日の散水〔解説写真 7.2.4〕，せき板の存置，養生マット，水密シートによる被覆〔解説写真 7.2.5〕，浸透性の養生剤などにより，湿潤状態を保つようにする．暑中期に施工されるコンクリート床の湿潤養生方法を選定する際には，散水養生などの給水養生を行うことを

解説写真 7.2.2 膜養生剤の散布状況[1]

解説写真 7.2.3 打込み・仕上げ時の風よけ[1]　　**解説写真 7.2.4** 打込み後の散水養生[1]

解説写真 7.2.5 水密シートによるスラブ面の湿潤養生[1]

原則とする．

(5) 高性能 AE 減水剤等の後添加によるワーカビリティーの改善

暑中コンクリート工事では，想定外のスランプの低下が生じるリスクが高い．例えば，酷暑期の場合，温度が予想以上に高い場合，荷卸しが円滑に行かず，待機時間が長くなる場合，圧送によるスランプの低下が異常に大きくなる場合などである．

こうした場合において，流動化剤，高性能 AE 減水剤または超遅延剤などの化学混和剤をトラックアジテータのドラム内のコンクリートに後添加し，使用することは有効である．未充填やコールド

ジョイントなどの不具合の防止につながると同時に，戻りコンクリートの削減につながる．

なお，化学混和剤などの後添加は，レディーミクストコンクリートを受け入れた後になるため，JIS によらず，施工者の責任において行うことを工事監理者にも認識してもらい，その判断基準や手順をあらかじめ施工計画書等に定めておき，工事監理者に事前に承認を得ておく．

ここでは，高性能 AE 減水剤を後添加する場合の例を以下に示す．

① レディーミクストコンクリート工場出荷時からの経過時間が 90 分以内であることを確認する．（90 分を超えて荷卸し地点に到着したトラックアジテータについてはレディーミクストコンクリート工場へ戻りコンクリートとして返却する．）

② 納入書を施工者が受け取った後，フレッシュコンクリート試験を行い，スランプや空気量が許容範囲に入っていることを確認する．使用するコンクリートの圧縮強度試験用の供試体を採取し，受入れ時の強度の確認を行い，記録しておく．

③ フレッシュコンクリート試験の結果を基に，高性能 AE 減水剤の添加量を決定する．原則として，製造に使用しているものと同じものを使用する．後添加量は，単位セメント質量の 0.1%以下を目安として添加する．

④ 後添加後，再度フレッシュコンクリート試験を行い，許容範囲内であることを確認する．

⑤ 圧縮強度試験用の供試体を採取し，混和剤の後添加後の強度の確認を行い，記録しておく．

(6) 夜間の打込み・その他

夜間の打込みについては，工事現場の近隣環境，レディーミクストコンクリート工場の納入体制，施工者のリスク，コストなど，多くの問題点に対応する必要はあるものの，作業員の労働環境，コンクリートの高温履歴による不具合などを改善するためには有効な対策と考えられる．

c．コンクリート工事を円滑に進めるためには，施工管理体制を明確に定めておく必要がある．打込み難易度，気象条件などを考慮して必要な作業人数を確保し，役割分担を定めておくとよい．

コンクリートポンプ 1 台あたりの打込みに必要な実作業員の最低人数の例を下記に示す．なお，酷暑期には，疲労の蓄積が早くなるため，交代で休憩が取れるように，さらに人員を割り増すことが望ましい．

- 圧送工　　　　：3 人（筒先移動，配管，運転）
- コンクリート工 ：6 人（打込み，締固め，鉄筋洗い，ならし，散水，風避け対策など）
- 打込み指示係員 ：1 人
- 必要に応じて
    - 設備工　　　：2 人（電気工，配管工）
    - 鉄筋工　　　：1 人
    - 大工　　　　：1 人
    - 左官工　　　：3 人

また，暑中環境における朝からの連続作業においては，午後の方が午前より気温が上昇し，体力を消耗し，注意力が散漫になりやすい．休憩施設の設置，休息方法の設定，打込み時期の早朝また

は夕方以降への変更など，作業員の健康管理と安全を考慮した打込み体制を定めることは重要である．熱中症対策として，塩飴等を準備し，こまめに水分や休憩が取れるようにする．また，空調服の利用も推奨できる．

7.3 打込み計画書の作成

> a．打込み計画策定の基本原則に基づき，コンクリートの受入れ，運搬・打込み・締固め，仕上げ，養生および打込み体制を定め，打込み計画書を作成する．
> b．打込み計画書を専門工事業者などの関係者に配布し，周知徹底を図る．

a．b．コンクリートの受入れ，運搬・打込み・締固め，仕上げ，養生および打込み体制を定め，打込み計画書を作成する．打込み計画書は事前に専門工事業者に配布し，工事が支障なく進むように周知徹底を図ることが望ましい．

解説表7.3.1および解説図7.3.1に，コンクリート打込み計画書およびコンクリート打込み順序計画図[4]の参考例を示す．

— 100 —　暑中コンクリートの施工指針　解説

解説表 7.3.1　打込み計画書・報告書（例）

■施工情報

打込み年月日				天候				打込み開始時気温			℃
打込み場所				暑中期				猛暑期			
		予定	実績			予定	実績			予定	実績
全打込み数量 (m³)				Vcon (m³)				Hcon (m³)			
平均打込み速度(m³/h)				Vcon (m³/h)				Hcon (m³/h)			
打込み開始時刻				打込み終了				打込み時間			
休憩開始時刻				休憩終了				休憩時間			
計画配管長さ	立上り (m)			打込み方法			ポンプ車台数(台)			先送りモルタル	
	水平 (m)			□ブーム式ポンプ車			生コン車数(台) (ポンプ1台当り)			仕　様	
打込み高さ (階高)	(m)			□ポンプ車＋配管							
仕上げ面積 (予定)	木鏝均し(m²)			□定置式ポンプ＋配管			残コンクリート 処理方法			処理方法	
	金鏝1回(m²)			□直取り			【備考】				
	金鏝2回(m²)			□ホッパー							
	金鏝3回(m²)			□圧入							
	合　計 (m²)										

■打込み配員計画

施工会社	担当者名		協力会社							
総指揮			打込み指揮							
	(正)	(副)	職　種	会社名	予定(名)	実施(名)	職　種	会社名	予定(名)	実施(名)
打込み班指揮(スラブ上)			ポンプオペ				鉄筋工			
打込み班指揮(スラブ下)			ポンプ筒先				型枠大工			
施工工程写真			バイブレータ				電　気			
品質管理試験立会			コンクリート均し				空　調			
			たたき				衛　生			
			清掃・散水				デリバリー			
●機器の手配			レベル相伴				試験代行			
φ60棒状バイブ			左　官				生コン工場			
φ40棒状バイブ							ガードマン			
壁バイブ										
竹ザオ (　m)							合計		0	0

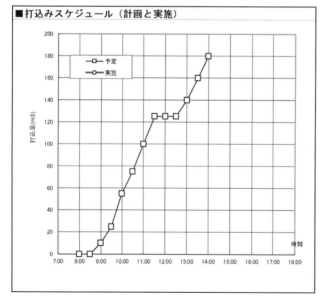

■打込みスケジュール（計画と実施）

■打込み時注意事項

■散水養生・風養生・養生剤の使用

計画	実施

■コンクリートの仕様と試験

		施工前	施工後				
設計基準強度	(N/mm²)			調合強度基準材齢		28	(日)
S	(N/mm²)			スランプ			(cm)
調合管理強度(Fc+S)	(N/mm²)			最大粗骨材寸法			(mm)
呼び強度				空気量			(%)
コンクリートの呼び方				セメント種類			
混和剤の種類(銘柄)				W/C (W/C最大値)			(%)
混和材の種類(銘柄)				単位水量W(W最大値)			(kg/m³)
生コン工場名(TEL)							
試験実施会社			圧縮試験実施機関				

検 査 ロ ッ ト			1-1	1-2	1-3	2-1	2-2	2-3	3-1	3-2	3-3
生コン車台数(台目)	実施										
フレッシュコンクリート試験※			○	○	○						
目 的(試験機関)	材齢	養生				供試体採取本数					
調合管理強度	28日	標準	3	－	－						
構造体コン強度推定	7日	標準									
構造体コン強度推定	28日	標準	1	1	1						
せき板取外し		現水									
湿潤養生打切り			－	－	－						
支柱取外し		現水									
PS導入		現水									
予 備		現封	1	1	1						
合　計			5	2	2	0	0	0	0	0	0
備考	※塩化物量の試験は150m³に1回										

■コンクリート打込み計画図

■ 備　考 （計画と実施が大きく異なった場合の状況，工事監理者のコメントなど）

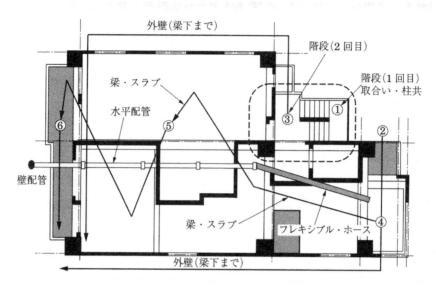

解説図 7.3.1　コンクリート打込み順序計画図（例）[3]

参　考　文　献

1) 日本建築学会近畿支部：暑中コンクリート工事における対策マニュアル2018，2019.3
2) 安藤雄基，平野竜行：床コンクリートの品質・生産性向上に関する打込みから仕上げまでの一連の取組み，コンクリート工学 Vol.55，No.9，pp.788-791，2017.9
3) 清水建設㈱技術部：建設施工の基礎知識，1998.4　を参考として作成

8章　打込み・締固め

8.1　総　　則

> a．コンクリートの場内運搬は，高温条件，建物条件，施工条件およびコンクリートの種類を考慮して運搬時間と運搬方法を定めて，フレッシュコンクリートの品質変化ができるだけ少なくなるような方法で行う．
> b．コンクリートの打込みおよび締固めは，打込み計画に基づき各自の作業分担，作業方法などを関係者に周知徹底し，コンクリートが密実に充填され，有害な打込み欠陥のない構造体コンクリートが得られるように行う．
> c．コンクリートの打込みおよび締固めにあたっては，その作業時間を確保することを優先する．また，作業環境の改善を図り，品質確保に努める．

a．暑中期のコンクリートの運搬において特に問題になるのは，高温によるフレッシュコンクリートのワーカビリティーの低下である．ワーカビリティーが低下した場合には運搬や打込み能率の低下をきたすばかりでなく，構造体コンクリートの品質低下や施工欠陥などにつながる．

コンクリートの運搬にあたっては，フレッシュコンクリートの品質変化をできるだけ少なくすることに重点をおくとともに，運搬における品質変化の限度と品質変化したコンクリートの処置方法，運搬時間および運搬方法の標準を定め施工することが重要である．

b．構造体コンクリートの善し悪しは，打込み計画および現場技術者の適切な指示と工事に従事する作業員の経験によるきめ細かな気配りが大きく影響する．特に気温の高い時期における作業は発汗も多くなり，体力を消耗しやすく，注意力が散漫になり，作業のばらつきや混乱が生じやすい．特に，酷暑期においては，その傾向がより顕著になる．コンクリートの打込み前には，関係者全員でミーティングを行い，打込み計画に基づく各自の役割分担，打込み順序，作業方法，レディーミクストコンクリート工場との連絡，運搬機器・締固め機器の整備と配置，その他注意事項を周知徹底する必要がある．

c．コンクリートの打込みや締固め作業に要する時間を十分に確保することは，コンクリート工事の基本である．建築の全体工期やタクト工程の関係から一日のコンクリート打込み量が定められるが，打込み量に応じて工事関係者を十分確保して打込み・締固めに支障が生じないようにしなければならない．

また，暑中期におけるコンクリート工事にあたっては，暑さのために作業に従事する人の体力の消耗が著しいことを考え，作業環境の改善についても十分配慮することが重要である．特に，酷暑期においては，より入念な配慮が必要となる．

コンクリート打込み箇所に近いところに冷気設備のある一時休憩所を設け，冷水などの飲料水や顆粒状食塩の供給を行い，空調服の着用を推進し，打込み作業中に昼食休みを取ることができない場合は，軽食を提供するなど極め細かな対応が必要である．

作業が終了した場合には，シャワーで汗を流し，私服に着替えてリフレッシュできるような環境を提供することもよい．

このようなことは暑中期の打込みのみに関係することではないが，今後の建築工事の生産性向上に大きく影響を及ぼすばかりでなく，コンクリートの品質向上に貢献するはずである．

8.2 場内運搬による品質変化の限度および品質変化したコンクリートの処置

> a．打込み箇所で所要のコンクリートの品質が確保できるように，あらかじめフレッシュコンクリートのスランプ，空気量および温度などの場内運搬による品質変化の限度を定めておく．
> b．場内運搬されたコンクリートの品質変化が大きい場合には，すぐに運搬を中止し，その部分のコンクリートの処置について検討するとともに，品質変化の原因を調査し対策を講じる．
> c．コンクリートポンプによる圧送時に閉塞したコンクリートは廃棄する．
> d．場内運搬の待ち時間等で許容値以上にスランプが低下したコンクリートは，原則として打ち込まない．
> 　ただし，次の (1) および (2) の条件を満足する場合には，化学混和剤を添加してスランプを回復させてもよい．
> 　(1) コンクリートの練混ぜから打込み終了までの時間が原則として90分以内であること．
> 　(2) 回復後のコンクリートはスランプと空気量が計画時の許容値を満足していること．

a．コンクリートの運搬による品質変化は，圧縮強度では少ないが，フレッシュコンクリートのスランプ，空気量および温度ではコンクリートの種類や運搬方法によって大きい場合がある．

コンクリートのポンプ工法によるフレッシュコンクリートの品質変化については，本会「コンクリートポンプ施工指針・同解説」に詳細に示されている．それによると，スランプの低下量は，普通コンクリートで平均0.5cm，軽量コンクリートで平均1cmである．空気量の低下量は，普通コンクリートで平均0.2%，軽量コンクリートで平均0.5%である．

解説図8.1は，標準期と暑中期に同一調合のコンクリートの圧送実験（全長145m）を行い，圧送前後のコンクリート温度，スランプおよび空気量の変化を比較したものである．図中の凡例の数値はスランプを，SPは高性能AE減水剤を，AEはAE減水剤を表している．コンクリートの温度変化量は荷卸しから圧送後までの40分程度で，標準期では±1℃の変化に対して，暑中期では最大3℃上昇している．スランプの変化量も標準期では±1cm程度の変化に対して，暑中期では最大4cm低下している[1]．このことから，暑中期では圧送によりコンクリート温度が上昇し，標準期よりもワーカビリティーの低下が大きくなると思われる．

一方，空気量に関しては，解説図に示すように若干増加する傾向を示しているが，標準期と暑中期では大きな差異は認められなかった．空気量が若干増加する傾向は，ポリカルボン酸系の混和剤を使用した場合によく認められる現象である．

暑中期では，ワーカビリティーの低下に伴い打込み欠陥やコールドジョイントの発生につながることが多いので，コンクリートの打込み箇所に応じて運搬中のフレッシュコンクリートの品質変化の限度を定めておき，運搬中の品質変化をできるだけ小さくすることが重要である．

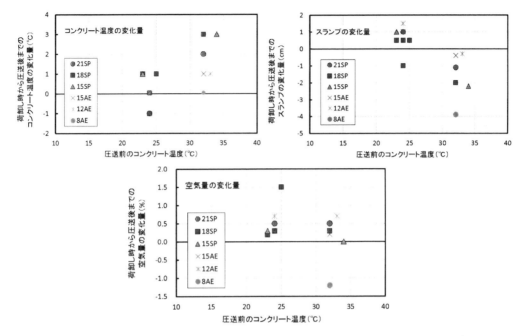

解説図 8.1 圧送前後におけるコンクリート温度，スランプおよび空気量の変化[1]

コンクリート温度は，現場内の運搬方法と運搬時間の影響を受けやすい．コンクリートの製造および場外運搬段階での温度上昇防止対策が無駄にならないように，運搬段階における温度上昇防止対策を徹底しなければならない．特に，輸送管内にコンクリートが滞留した場合に，温度の上昇が大きくなることから，なるべく滞留する時間が短くなるような打込み計画を策定するとともに，酷暑期においては，輸送管を断熱材などで被覆するなどの対策を採ることが必要である．

b．場内運搬によるワーカビリティーの低下が著しい場合には，コンクリートの打込みや締固め作業を計画どおりに進めることが難しくなる．このような場合には，締固め作業が終了するまでの間，次のコンクリートの運搬を中止し，その原因を究明し対策を講じる．また，待機しているトラックアジテータのコンクリートも所要の品質を確保できないことがあるので，試験をして不合格のものは原則として廃棄し，レディーミクストコンクリート工場へ連絡して対策を講じる．ただし，7.2bの解説で示したように，高性能AE減水剤等の後添加によるワーカビリティーの改善に関して事前に工事監理者の承認を受けている場合には，施工計画書に従った対策をとった上で，施工者の責任において，高性能AE減水剤等の後添加によりワーカビリティーの改善を行ってもよい．

ワーカビリティーの低下が起こる原因は，環境温度が高いことのほか，一般的に以下のようなことがあげられる．

・骨材粒度分布の変化
・圧送中のコンクリート温度の上昇
・圧送時のコンクリートの分離や，輸送管のジョイント部からの水漏れ
・配管の段取替え等による圧送の中断

・長時間の場外運搬と現場内での待機
・軽量コンクリートの骨材のプレソーキング不足
・コンクリートポンプによる高所圧送

　c．コンクリートの圧送における閉塞は，分離傾向のコンクリートや軽量コンクリートの場合に発生しやすい．閉塞が生じやすい施工条件としては，下向き配管，テーパ管の不適切な配置，水平配管のみの場合および高所圧送などである．

　閉塞は輸送管の一部でコンクリートが分離することによって生じる現象で，ポンプの能力不足によって圧送できなくなる現象と異なる．閉塞が生じた部分のコンクリートは，硬化に必要な水やセメントペーストが失われ，骨材が多くなる．

　閉塞箇所は簡単に発見することが可能であり，対象となるコンクリートはごく少量である．閉塞部分のコンクリートは，十分に締固めすることが難しく豆板が発生しやすいので，打ち込まずに廃棄しなければならない．

　d．運搬の待ち時間等で許容値以上にスランプが低下したコンクリートは原則として打ち込まない．ただし，次の（1）および（2）の条件を満足する場合には，化学混和剤を添加してスランプを回復させてもよい．特に，酷暑期においてはスランプの低下が大きくなることが予想されるため，化学混和剤を添加してスランプを回復させる対策を事前に工事監理者と協議し，施工計画書に盛り込んでおくことが重要である．

（1）コンクリートの練混ぜから打込み終了までの時間が原則として90分以内であること．
（2）回復後のコンクリートはスランプと空気量が計画時の許容値を満足していること．

　コンクリート工事においては，現場内の運搬方法と運搬能力，打込み箇所と締固め方法，仕上げ工法と仕上げ能力などを考慮してコンクリートの打込み区画，打込み順序，打込み量が定められる．しかし，わが国ではレディーミクストコンクリートが主流のため，昨今の道路事情によりコンクリートが計画された時間どおりに工事現場に到着しないことがある．このようなことから，工事現場では，トラックアジテータの到着待ちによる圧送の中断やトラックアジテータが長時間待機しなければならないことがしばしばある．特に，暑中期においてトラックアジテータが長時間待機するような場合には，コンクリート温度が高いためワーカビリティーが低下しやすく，その影響でコンクリートの締固めに時間を要し，連鎖的に次のトラックアジテータのコンクリートのワーカビリティーも損なわれることになる．その結果，締固めが不十分になり，コールドジョイントや豆板などの施工欠陥が生じることになる．そこで，本指針では化学混和剤の添加によってスランプを回復させることを許容したが，あくまでも緊急時の救済措置であるため，この対策を頻繁に使用するような状況となった場合は，調合の修正などを行う必要がある．

8.3 場内運搬時間

> a．同一打込み区画のコンクリートは，できるだけ連続して打ち込めるように運搬する．
> b．コンクリートの場内運搬時間は，原則として30分以内とする．ただし，特別な対策により所要のコンクリートの品質を確保することができる場合には，その時間の限度を延長することができる．

a．コンクリートを連続して打ち込むことは，コールドジョイントや豆板などの施工欠陥の発生を防止するための基本的事項である．そのために，同一打込み区画のコンクリートは，その打込み量に応じて運搬機器の選定や打込み順序を定め，できるだけ連続して運搬するようにする．

しかし，レディーミクストコンクリート工場やポンプの故障など不測の事故により圧送を中断しなければならない場合には，配管内のコンクリートの温度が上昇し，ワーカビリティーの低下による閉塞や，打重ね時間間隔の許容限度を超えることによるコールドジョイントの発生が問題となる．

なお，暑中期におけるコンクリートの運搬の場合には，不測の事故などによって昼休みまで施工が食い込むこともあるが，当初計画した打込み区画の施工が完了するまで打込みを継続することが必要である．

b．コンクリートの場内運搬に要する時間は，コンクリートの練混ぜから打込み終了までの時間の限度，打込み継続中における打重ね時間間隔の限度およびフレッシュコンクリートのワーカビリティーの変化を考慮して定める必要がある．コンクリートポンプによる運搬時間は，これまでの施工実績[2]では，実質吐出量30〜60m³/hで圧送した場合，作業効率が0.60程度であるので平均吐出量18〜36m³/hで，トラックアジテータ1台あたり平均で14〜7分程度であり，変動を考慮しても20〜5分程度である．

このようなことから，場内運搬時間は，運搬車1台あたり最大でも30分程度である．

化学混和剤を添加してスランプを回復したコンクリートのように，ワーカビリティーの時間経過による変化が大きいコンクリートについては，さらに運搬時間を短縮する必要がある．

コンクリートの運搬を所定の時間内で行うためには，打込み・締固め作業を円滑に行うとともに，配管の段取替えに要する時間やトラックアジテータの待ち時間をできるだけ少なくすることが重要である．

また，現場内の運搬時間は，遅延形の混和剤を使用することやコンクリート温度を低下させることによって延長が可能である．しかし，打重ね時間間隔をできるだけ確保するためにも，本指針に規定する運搬時間以内で運搬することが望ましい．

8.4 場内運搬方法

> a．コンクリートポンプや輸送管などの運搬機器等は，できるだけ直射日光が当たらないように留意する．特に酷暑期では圧送用の輸送管は遮熱・断熱カバーなどで覆うことを原則とする．
> b．コンクリートをバケットで運搬する場合には，所要の時間内に運搬できるようにバケットの容量やトラックアジテータの積載量を定める．
> c．コンクリートポンプを用いる場合には，計画した圧送速度で連続して圧送する．長時間にわたって圧送を中断する場合には，インターバル運転，逆転運転等を行い閉塞防止に努める．
> d．運搬機械の不測の事故により運搬を中断する場合には，レディーミクストコンクリート工場へ連絡する

> とともに，打ち込まれたコンクリートの処置，機械の修復，代替機の手配等を速やかに行い，工事関係者に運搬の再開の見通しについて指示する．

　a．コンクリートポンプや輸送管に直射日光が当たると，配管の段取替えやトラックアジテータの待ち時間などでポンプ車の受けホッパや輸送管内のコンクリートの温度が上昇し，コンクリートのワーカビリティーが低下して閉塞やコールドジョイントなどのトラブルの要因となりやすい．したがって，コンクリートポンプや輸送管などの運搬機器は，できるだけ直射日光が当たらないように計画することが望ましい．また，酷暑期では輸送管のコンクリートの温度上昇が大きくなることは避けられないと考えられるため，圧送用の輸送管は遮熱・断熱カバーなどで覆うことを原則とする．

　b．コンクリートバケットによる運搬の場合には，運搬距離，荷卸し時間，バケットの容量およびトラックアジテータの積載量によって運搬時間が決まるので，これらを考慮して所定の運搬時間内で運搬できるようにする．

　c．コンクリートの圧送は，打込み，締固めおよび仕上げ作業が十分にできるような圧送速度で連続して行う．配管段取替えやトラックアジテータの待ち時間などで圧送を長時間中断する場合には，低速でインターバル運転を行うことや，ポンプの逆転運転をしてポンプシリンダやポンプ近傍の輸送管内のコンクリートをホッパに一旦戻して，それを撹拌して再圧送することによって閉塞を防止することができる．

　d．運搬機械の故障などにより運搬を中断する場合には，工事関係者間の綿密な連絡と対策が重要となる．レディーミクストコンクリート工場に対しては場外運搬中のコンクリートの処置と今後のコンクリートの出荷の調整，打ち込まれたコンクリートについては打継ぎ箇所と打継ぎ処理の指示，運搬機械についてはポンプ車，バケット等の代替機の手配を行う．

　このような不慮の事故の場合には，コンクリートの品質の変動を考慮して以後の時間の経過に応じた綿密なスケジュールを作成し，工事関係者の役割・分担を明確にして対応する必要がある．

8.5 打込み

> a．新たに打ち込むコンクリートが接する既設のコンクリートやせき板などの面は，直射日光が当たらないように養生し，散水や水の噴霧などによりできるだけ温度が高くならないようにする．
> b．コンクリートは，自由落下高さをできるだけ短くして打ち込む．その際，打込み箇所以外の鉄筋，型枠および先付けタイルなどにコンクリートが付着しないようにする．
> c．1回の打込み量，打込み区画および打込み順序を適切に定め，施工不良の発生を防止する．
> d．打込み作業中における打重ね時間間隔の限度は，コンクリート温度が25℃以上の場合は120分とする．ただし，コンクリートの凝結を遅延させ，内部振動機で打重ね部の処置をした場合には，この時間の限度を延長することができる．
> e．コンクリートの打継ぎは，設計図書で定められた位置で行うものとし，打継ぎ部の一体性が得られるように打継ぎ部の処理は特に入念に行う．

　a．新たに打ち込むコンクリートが接する箇所（鉄筋，鉄骨，型枠，プレキャストコンクリート板など）の温度が高いと，その部分のコンクリートに水分が不足する現象が生じ，以後の水和反応

や耐久性に悪影響を与える．したがって，打ち込まれるコンクリートが接する箇所は，シートなどによって直射日光を防ぎ，散水や水の噴霧などによって温度が上昇しないようにする．

散水によって冷却する場合には，せき板に水抜き穴を設け，水分を完全に除去してからコンクリートを打ち込む．

　b．まだコンクリートが充填されていない部分のせき板や鉄筋などにモルタルが付着すると，そのモルタルが高温により乾燥して後から打ち込むコンクリートと一体にならず，構造体が完成した後にその部分のはく離や付着強度の低下につながる．

したがって，コンクリートの打込み高さが高い場合には，縦型シュートや型枠途中にコンクリートの投入口を設けるなどして自然落下高さをできるだけ短くすることが必要である．

　c．コンクリートの打込みの速度は，締固め作業や仕上げ作業が十分に行われることを考慮して定めなければならない．

一般的に外気温が20℃程度の気象条件において，スランプ18cmのコンクリートを十分に締め固めることができる打込み速度は，内部振動機1台で1日40～60m^3，打込み作業員1人あたり10～15m^3/h，ポンプの実圧送量で30～60m^3/h程度とされている．また，コンクリート床直仕上げ作業の場合には，作業員1人あたり1日100～150m^{2}程度である．これは標準的な気象条件における作業量であるが，暑中期においては，日射時間が長く，気温が高いために作業員の体力消耗が大きくなり，作業能率も低下する．したがって，これらの作業能率を考慮して，1回の打込み量，打込み区画および打込み順序を定める必要がある．

　d．先に打ち込まれているコンクリートにある程度の時間をおいてコンクリートを打ち重ねると，両者のコンクリートが一体化しない場合がある．このような打重ね部をコールドジョイントといい，一般に先に打ち込まれたコンクリートの凝結や締固めの程度に影響される．特に暑中期においては，コンクリート温度が高いために凝結が速くなり，ブリーディングも早く終了することから，コールドジョイントが発生しやすい．

一般の建築工事では，柱・壁コンクリートと梁・床のコンクリートを一体に打ち込むために，一般的に柱・壁のコンクリートの沈降が終了してから梁・床のコンクリートを打ち込まなければならない．柱・壁のコンクリートの沈降は，打ち込んでからそれが終了するまでに60分以上になることがあるので，梁下部分でコールドジョイントが発生しやすくなる．そのほか，階高が高い建物や壁式構造の建物では，コンクリートを打ち重ねるまでに時間がかかるので，コールドジョイントの防止対策が重要となる．

解説図8.2は，普通コンクリートの場合のコンクリートの養生温度と打重ね許容時間の関係を貫入抵抗値で示したものである．これは，練混ぜ時の水とセメントの接触からの時間として示している．

解説図8.3は，AE減水剤を用いたコンクリートの場合の暑中期に打ち込んだ高さ90cm×幅120cm×厚さ20cmの模擬壁部材試験において，打重ね時間間隔が材齢91日における打重ね部の透気性状に及ぼす影響を比較したものである．図中の数値は打重ね時間間隔（単位：時間）を，「有」は打重ねの際に先打ちコンクリートにも10cm程度棒形振動機を挿入したことを表している．シングルチャンバ

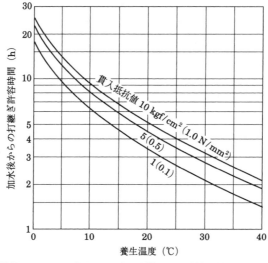

貫入抵抗値　1 kgf/cm² (0.1 N/mm²)：打放しなど重要な部材
　　　　　　5 kgf/cm² (0.5 N/mm²)：一般の場合
　　　　　　10 kgf/cm² (1.0 N/mm²)：内部振動その他適当な処理をするとき

解説図 8.2　養生温度と打重ね許容時間の関係[3]
（普通コンクリートの場合）

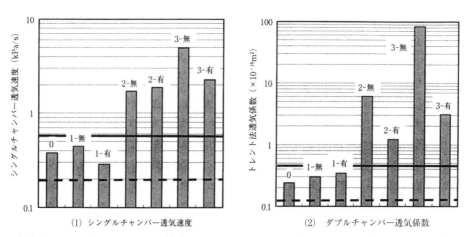

[注] 実線は上部コンクリートの結果を，点線は下部コンクリートの結果を数字および文字は打重ね時間および棒形振動機挿入の有無を示している

解説図 8.3　打重ね時間間隔と打重ね部の透気性状[4]

ーによる透気速度およびダブルチャンバーによる透気係数ともに打重ね時間間隔1時間と2時間の間で急激に大きくなっている[4]．なお，先に打ち込まれたコンクリートを用いて測定された貫入抵抗値は，打重ね時間間隔1時間の時点で0.06N/mm²，打重ね時間間隔2時間の時点で1.0N/mm²で，1時間と2時間の間に解説図8.2に示す値を超えており，解説図8.3の傾向と対応している[5]．

解説図8.4は高性能AE減水剤遅延形を用いた呼び強度24〜45，スランプ18cmの普通コンクリートの荷卸し時の温度と注水からの打重ね許容時間の関係を示したものである．図中のプロットは，解

説図8.2と同じように,貫入抵抗値0.1N/mm²,0.5N/mm²,1.0N/mm²を示している.遅延形の高性能AE減水剤を用いれば,荷卸し時のコンクリート温度が30℃を超える場合でも,注水から4時間程度までは打重ね許容時間を確保することができる.

このように高性能AE減水剤の遅延形を使用することにより,コールドジョイントの発生を大幅に低減することが可能である.これらの図を参考として,レディーミクストコンクリートの運搬時間,養生温度(コンクリート温度),躯体に要求される性能および締固め条件等を考慮して,打重ね時間間隔の限度を定めるとよい.

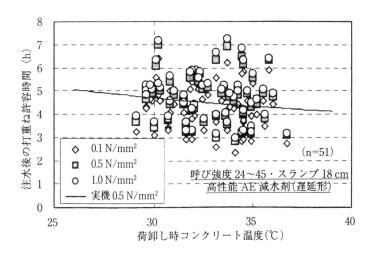

解説図 8.4 荷卸し時のコンクリート温度と注水後の打重ね許容時間[6]
(高性能 AE 減水剤の遅延形使用)

e.コンクリートの打継ぎは,構造・耐久性の面から欠陥とならないように,所定の打継ぎ位置でコンクリートが一体となるように適切な打継ぎ方法で施工する.

打継ぎ位置は,梁・床スラブおよび屋根スラブではその中央付近に鉛直に,柱・壁では床スラブ,基礎の上端または梁の下端に水平に設ける.硬化したコンクリートに接してコンクリートを打ち込む場合には,打継ぎ部のレイタンスおよび脆弱なコンクリートを除去し,健全なコンクリート面を露出させ,十分な水湿しを行い,打ち継ぐ.柱脚部や壁下端は豆板が発生しやすいので,最初に30cm程度までコンクリートを投入して十分に締め固める.

打継ぎ部の鉄筋はスリット部を除いて一般に連続とし,鉄筋を清掃してから打ち継ぐ.水密性が要求される打継ぎ部は,止水板の設置,間隙グラウト等が設計図書に定められるが,その部分には豆板などの欠陥が発生しないように入念に施工する.

解説図8.5に打継ぎ方法の一例を示す.打継ぎ部の施工では,型枠施工時に発生する木片やごみ,エキスパンドメタル,バラ板および型枠補強用の治具などが多く発生する.それら処置を十分に行ってからコンクリートを打ち継ぐ必要がある.

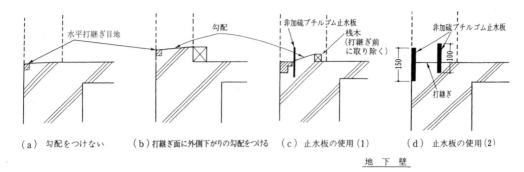

解説図 8.5　外壁の水平打継ぎ方法の例[7]

8.6　締固め

> a．締固めは，鉄筋・鉄骨および埋設物などの周辺や型枠の隅々までコンクリートが充填され，密実なコンクリートが得られるように行う．
> b．締固めは，主としてコンクリート棒形振動機および型枠振動機を用いて行い，必要に応じて他の補助用具を用いて行う．
> c．棒形振動機による締固めは，打込みの各層について行い，コンクリートの分離や空気量の低下が生じない範囲で行う．
> d．型枠振動機による締固めは，型枠に投入されるコンクリートの状況を把握し，振動の開始および振動時間を制御し，密実なコンクリートが得られるように行う．

　a．コンクリートの締固めの目的は，豆板，沈降ひび割れ，空隙，気泡およびコールドジョイントなど施工上で発生する欠陥を防止することである．

　これらは，暑中期に特有の欠陥ではないが，高温によりコンクリートのワーカビリティーが低下することから，ほとんどの現象において暑中期に発生頻度が多くなる．特に，豆板やコールドジョイントは，暑中期，特に酷暑期に発生が顕著となるが，十分な締固めを行うことによって低減することが可能である．

　締固め作業において特に配慮が必要な部位は，次のとおりである．
① 柱脚・壁下端（豆板）
② 階高の高い壁（豆板，コールドジョイント，気泡）
③ 鉄筋・鉄骨鉄筋コンクリート構造の柱・梁のパネルゾーンと鉄骨フランジ下端（豆板，空洞）
④ 埋設配管，設備埋め込み金物（空洞，豆板）
⑤ 止水板，目地材（豆板）
⑥ 壁開口部型枠下端（空隙）
⑦ 壁付きの梁（沈降ひび割れ）
⑧ 打込みタイル（空洞）
⑨ かぶり厚さの小さい壁横筋・柱フープ筋・梁上端筋（沈降ひび割れ）
⑩ 鋼管柱コンクリートの梁接合部ダイアフラム下端（空洞）

b．コンクリートの締固め方法は，コンクリートのコンシステンシーによって多少変わるが，棒形振動機と型枠振動機によることが基本である．

　そのほか，コールドジョイントや表面気泡を防止するためのスペーシング用薄板，突き棒，たたき用木槌，床の沈降ひび割れ防止のための振動スクリード機，空隙防止のための空気抜きパイプ，ブリーディング除去装置など，フレッシュコンクリートの性質や打込み箇所に応じた締固めのための補助用具を準備する必要がある．

　c．棒形振動機の挿入間隔は，公称棒径45mmの振動機の振動有効範囲から，60cm程度である．暑中期においては，高温によりフレッシュコンクリートのワーカビリティーが低下するので，それよりも小さい挿入間隔とし公称棒形の大きいものを使用するとよい．振動時間は，コンクリートの分離や空気量の低下を起こさない範囲として，5～15秒程度とされている．

　締固めは打込みの各層について行い，コールドジョイントを防止するためには，先に打ち込んだコンクリートの中に振動機の先端を10cm程度挿入して締め固めるとよい．

　振動機は，不測の事故に備えて，予備機を準備しておくことが必要である．

　d．型枠振動機は，型枠のばたパイプあるいはせき板を介してコンクリートの締固めを行うものである．これは，内部棒形振動機に比べて振動の影響範囲が広いが，振動力は小さい．ポンプ車1台あたり10台程度の型枠振動機が必要である．型枠振動機を作動するタイミングは，コンクリートが振動機の取付位置より0.5～1.0m程度上昇したときとする．また，型枠振動機は振動の影響範囲が広いので，すでに打ち込んだコンクリートまでに振動が及ぶことがある．硬化が始まっているコンクリートに振動が加わると，鉄筋の付着を阻害し，コンクリート表面に気泡が発生することがある．したがって，型枠振動機による締固めの場合には，再振動による悪影響を避けるために締固めの終了した位置の振動機を稼動させてはならない．

参　考　文　献

1) 福島和将，山﨑順二，岩清水隆，杉本勝幸，山田藍，岸繁樹：暑中期におけるコンクリートの圧送性に関する研究　その12　コンクリート温度がフレッシュ性状および管内圧力に及ぼす影響，日本建築学会大会学術講演梗概集，pp.449-450，2017.8
2) 毛見虎雄：コンクリートポンプ工法について，コンクリート工学，Vol.13，No.1，pp.38-40，1975.1
3) 笠井芳夫：コンクリートの初期強度・初期養生に関する研究，学位論文，1968
4) 伊藤是清，野中英，湯浅昇，本田悟，小山智幸，山田義智：暑中環境で施工される構造体コンクリートのコールドジョイントに関する研究　その2　透気性によるコールドジョイントの評価，日本建築学会大会学術講演梗概集，pp.631-632，2013.8
5) 本田悟，小山智幸，湯浅昇，野中英：暑中環境で施工される構造体コンクリートのコールドジョイントに関する研究　その1　研究の概要及びコンクリートのフレッシュ・強度性状，日本建築学会大会学術講演梗概集，pp.629-630，2013.8
6) 西村文夫，栗延正成，前田朗，岩清水隆，山崎順二，木村芳幹：暑中コンクリートの品質確保に関する実験的研究　その4　実機実験におけるコンクリートの凝結性状，日本建築学会大会学術講演梗概集，pp.811-812，2011.8
7) 日本建築学会：建築工事標準仕様書・同解説　JASS 5　鉄筋コンクリート工事，p.285，2018

9章 仕上げ

9.1 総則

> a．コンクリートの仕上げ工事は，コンクリート躯体の品質確保のほかに暑中期の環境の改善および施工の合理化を考慮して，適切な仕上げ工法と機器によって行う．
> b．コンクリートの仕上げは，初期ひび割れの発生を極力少なくなるような方法で行う．

a．本指針におけるコンクリートの仕上げは，コンクリート自体の仕上げであり，直仕上げと各種仕上げの下地処理が対象となる．

コンクリートの仕上げは，コンクリートの工事の中でも難しく，労力を有する作業である．コンクリートの仕上がり面は，躯体としての寸法精度，各種仕上げに要求される精度に仕上げなければならない．また，仕上がり面自体が墨出しなど次工程の施工の基準として使用される場合には，レイタンスや不陸などができるだけ少なくなるように仕上げる．コンクリートの仕上げ工法の選定は，熟練工不足や暑中の環境の厳しさを考慮して，機械化，自動化およびプレキャスト化などを採用して現場作業を軽減するなどし，さらに作業環境の整備を図ることも重要である．

工場・倉庫，SRC 建築の工事では，上屋を設けてからコンクリートを施工することがしばしば行われている．これらは，暑中時の作業環境の改善，降雨対策，工程の安定化およびコンクリート品質の向上などに寄与している．

b．暑中環境下の仕上げ工事で特に問題になるのは，プラスチック収縮ひび割れ，沈降ひび割れおよび不陸であり，温度が高くなるほど短時間で発生しやすく，かつ影響は大きくなる．解説図 9.1

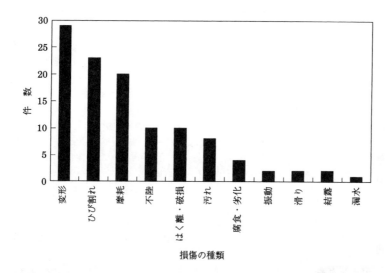

解説図 9.1 コンクリート床の損傷の実態[1]

は，工場・倉庫床 28 件の竣工後に発生した損傷の調査結果[1]である．床の損傷は多岐にわたり，一つの建物において複数の損傷が発生している．これらの損傷のうち変形（たわみ），ひび割れおよび剥離などは，施工中の処置が適切に行われなかったことに起因している．これらについては，施工中に適切な処置を施すことによって不具合の発生を防止することが可能である．

9.2 床仕上げの方法

> a．コンクリートの床仕上げは，床の表面仕上げ材料に応じて，JASS 5 に規定される平たんさになるように行う．
> b．コンクリート床を直仕上げ工法で施工する場合は，コンクリートの凝結・硬化の進行程度に応じて，適切な人員を配置して行う．
> c．直仕上げを金ごてで行う場合は，定規均しのあと，コンクリートの凝結度合いやこてむらの発生度合いを見て，2 回以上の金ごて仕上げを行ない，平坦に仕上げる．
> d．仕上げ途中でプラスチック収縮ひび割れや沈降ひび割れが発生した場合には，早期にタンピングとこて仕上げを併用して処置する．
> e．コンクリート上面の仕上げにおいては，養生剤を用いるのはよいが，散水をして仕上げ作業をしてはならない．ただし，水分の逸散が大きく，仕上げ完了までの乾燥が著しい場合には，噴霧により少量の水を補ってよい．
> f．コンクリートの凝結速度を調整する材料・工法を採用する場合には，試験によりその効果が確認されたものを使用する．
> g．床のひび割れを誘発するためのカッター目地の施工は，コンクリート打込みの翌日以後，なるべく早い時期に行う．ただし，強度不足による角欠けが生じないことを確認する．

a．コンクリートの床仕上げは，躯体寸法と同じに仕上げるものと仕上げ材料の下地となるものに大別される．前者は，打ち込まれたコンクリートを直接仕上げるものと耐摩耗材料を散布して仕上げるものがあり，一般的に直仕上げといわれるものである．コンクリートの直仕上げ工法による仕上げ面は，そのまま仕上げ面として使用されるほか，二重床や比較的薄い貼り材および塗り材などを直に施工する下地として使用される．したがって，ひび割れが少なく，高い平たん性が要求される．後者は，前者ほどの平たん性が要求されないが，仕上げ材の付着性を良くするためにレイタンスや脆弱部などの除去が必要である．仕上げの平たんさは，JASS 5 の 2 節に仕上げ材料に応じたその標準値が定められている．

b．c．コンクリート床直仕上げ工法は，コンクリート打込み後ブリーディングの発生がなくなる前後からコンクリートの凝結・硬化度合いに応じて適切なタイミングで金ごてをはじめとする各種仕上げ機器を用いて平滑に仕上げるものである．解説図 9.2 は，直仕上げ工法における各種仕上げ機器の導入タイミングを積算温度（T°T 方式）と初期強度との関係[2]で示したものである[3]．定規均しは設計図の寸法どおりに床面を平たんにする作業であり，一般的にレベル器によって工程を調整しながら施工される．この場合，振動スクリード機やタンピング作業を併用することもある．1 回目の金ごては，ブリーディング終了時点を目安に，以後の仕上げ作業がしやすいように表面の骨材を押し込み，セメントペースト層を形成するために行う作業である．それ以降は，コンクリートの硬化の度合いを見て数回こて仕上げ作業を行ない，こてむらや不陸を取り除きながら平たんに仕上げる．コンクリートは粒子の大きい骨材によって構成され，ブリーディングや分離が伴うので

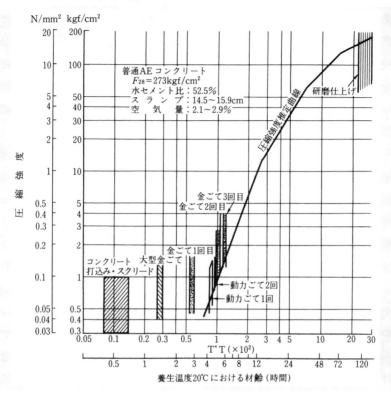

解説図 9.2 コンクリート床直仕上げ工法における各種機器の導入タイミングの一例[3]

他の材料のように一気に仕上げることができず，打込み後所定の精度に仕上がるまでに長時間の作業が必要となる．一方，暑中期においては，高温によりコンクリートの硬化が促進されるので，次の事項に十分留意して施工する必要がある．

　(1) 直射日光が当たり，乾燥しやすい場合にはコンクリートの表面のみが急激に固まり，仕上げができなくなることがある．この状況を防ぐために，作業空間をシートなどで覆い直射日光や風を避け，コンクリートの表面の急激な乾燥を防止する必要がある．

　(2) こて仕上げのタイミングが早くなり，かつ短時間に所定の面積を仕上げなければならないので，適切な作業人員をタイミングよく導入する．一般的に仕上げ作業人員は，$100m^2/$人前後を目安に1日の施工面積を考慮して定めると良い．

　(3) 仕上げ機器を導入するタイミングは，コンクリートの練混ぜからの経過時間とコンクリート温度を測定し，それより積算温度を求め，解説図9.2を参考として定めると良い．

　d．コンクリートの沈降は，打込み直後から始まり，60〜120分程度まで継続する．このコンクリートの沈降が鉄筋や埋込み金物などに妨げられると沈降ひび割れが発生する．このひび割れの発生時期は，コンクリートのブリーディングがなくなる時点とほぼ一致する．プラスチック収縮ひび割れは，コンクリート表面からの水分の蒸発がブリーディング速度よりも速い場合に発生する．これらのひび割れは，仕上げ作業のごく初期の段階に発生するものであり，適切な時期にタンピングやこて押えを行うことによってある程度はふさぐことができる．

e．コンクリート仕上げ途中において，散水をしながら仕上げをすると，コンクリートの水セメント比が大きくなり，所要のコンクリート強度が得られないばかりか，脆弱層や微細なひび割れが発生し，耐久性の面からも好ましくない．特に工場や倉庫などで耐摩耗性が要求される床の場合には，散水をしながら仕上げを行なってはならない．ただし，暑中期においては，水分の逸散が大きく，仕上げ完了までの乾燥が著しい場合には，噴霧により少量の水を補ってよい．特に酷暑期においては，床のコンクリート施工時散布用の養生剤は，プラスチック収縮ひび割れの発生を抑制し，こて仕上げを効率的に行うことが可能であるため，使用することが望ましい．

f．暑中期においては，高温によりコンクリートの硬化が促進されるために，平たんに仕上げるための適切な作業時間が取れないことがある．仕上げのタイミングは，多くの場合，経験に基づいておこなわれることが多いが，新製品の開発が進む中で，使用する混和剤によっては，短時間に凝結始発から終結までの時間が短くなることもあるため，注意が必要である．このために，次の(1)～(4)のようにコンクリートの凝結を調整する種々の材料や工法がある．

(1) 遅延形の混和剤をコンクリートに散布して表面の硬化速度を遅らせる方法
(2) 塗膜養生剤や床のコンクリート施工時の散布型の養生剤により水分の逸散を防ぐ方法
(3) 真空コンクリート工法によって作業開始を早め，作業時間を長くする方法
(4) 冷却コンクリートを採用する方法

これらの，材料工法を採用する場合には，あらかじめ試験を行うか信頼できる資料によって効果を確認する必要がある．

g．工場や倉庫建築の土間コンクリートでは，カッター目地が設けられる．これは，コンクリート打込み後の初期材齢時の自己収縮や乾燥収縮によるひび割れをカッター目地に集中させるためのものである．暑中期はそれらの収縮が促進されるので，カッター目地の施工はコンクリート打込み後3日以内を目安に，角欠けが生じない範囲でできるだけ早い時期に行うようにする必要がある[4]．カッター目地の間隔は，スラブ厚さや鉄筋量によっても異なるが，一般的に4～6m程度である．

9.3 せき板に接する面の仕上げ

> a．せき板に接する面のコンクリートの仕上げは，仕上げ材料に応じて，JASS 5に規定される平坦さになるように仕上げる．
> b．コールドジョイント，豆板およびひび割れなどの補修は，あらかじめ定めた適切な方法で行う．

a．せき板に接する面の仕上げは，型枠の材料や立て込み精度によって決まる．せき板の目違いやはらみなどによって生じる不陸は，はつりや研磨によってJASS 5の2節に規定される平坦さになるようにする．

b．本指針は，暑中環境下での施工時の欠陥をできるだけ少なくするためのプロセスコントロールについて示したものである．しかし，指針どおりに施工を行なったとしても不具合が生じることがある．そのような場合には，次の(1)～(4)に示すような方法を参考として適切な処置を行う．

(1) コールドジョイント

コールドジョイントはひび割れと同じように断面を貫通して生じることが多く，漏水や耐久性の上で問題となる．外壁など漏水の危険性のある箇所については，Uカット目地を設け，セメント系注入材を施工し，シール材の充填を行う．内壁など耐久性上問題が少ない箇所においては，セメント系注入材を施す．また，梁に生じたコールドジョイントが梁下端にまで達しているような場合には，ドライアウトしたセメントペーストやレイタンスなどの脆弱層ができやすく，その部分が剥離・剥落することがあるので，その部分を完全に除去し樹脂モルタルなどで補修する．なお，打重ね時間間隔が長くなると，先に打ったコンクリートの凝結が進行し，後に打つコンクリートの側圧により，先に打ったコンクリートとせき板の間にセメントペーストが流れ込み，付着する危険性が高くなるため，打重ね時間間隔の管理が重要となる．せき板取外し時にこのような状況が見られた場合には，直ちにはつり取り，適切な処置を講じる．

(2) 豆板

豆板は柱脚や壁の下端など構造上重要な部分に生じやすい．したがって，豆板の発生範囲を的確に把握し，不良部分を完全に除去する．不良部分が広範囲に及ぶ場合には，型枠を設けて，その部分の強度と同等以上のコンクリートを打ち直す必要がある．軽微な場合には樹脂モルタルやポリマーセメントモルタルで補修する．

(3) ひび割れ

施工過程でせき板面に発生するひび割れとしては，沈みひび割れ，水和熱によるひび割れ，施工時荷重によるひび割れおよび乾燥収縮によるひび割れなどがある．このようなひび割れが発生した場合には，発生原因を明らかにし，以後の進展状況を考慮して，適切な時期に補修する．補修は，エポキシ樹脂やセメント系注入材およびUカット目地シール材充填などひび割れの程度に応じて適切な方法で行う．

(4) 硬化不良・脆弱層・その他

木質のせき板や目地材によるコンクリート表面の硬化不良やドライアウトなどによる脆弱層などは，ワイヤーブラシやサンドブラストなどで除去し樹脂モルタルやポリマーセメントモルタルなど接着性の高い塗材で補修する．また，せき板の剥離材や養生剤などは，以後に施工する仕上げ材の接着性を阻害することがあるので，除去することが望ましい．

参 考 文 献

1) 和美廣喜：鉄筋コンクリートの耐久性を阻害する要因と対策・施工上の要因，建築技術，2000.3
2) 笠井芳夫：コンクリートの初期圧縮強度推定方法，日本建築学会論文報告集，No.141，1967.11
3) 和美廣喜，西田光行ほか：コンクリート床直仕上げ工法の機械化に関する研究，日本建築学会大会学術講演梗概集，pp.297-298，1976.10
4) 西田浩和ほか：土間コンクリートの収縮ひび割れ制御に関する実験的研究，フジタ技術研究報告，第45号，pp.70-71，2009.3

10章 養　　　生

10.1 総　　則

> a．コンクリートは，所要の品質が得られるように，環境条件とコンクリートの材料や調合などの条件に応じて養生する．
> b．施工者は，養生の方法・期間および養生に用いる資材などの計画を定めて，工事監理者の承認を受ける．

　a．コンクリートの養生には二つの意味がある．一つはコンクリートが所要の品質を確保できるように，材齢初期においてコンクリートの水分と温度を所定の期間制御すること（Curing）である．もう一つは，コンクリートがまだ所要の品質を確保できていない期間に，有害な荷重や変形に起因するひび割れや破損を防止するためにコンクリートを保護すること（Protection）である．本章は前者の養生（Curing）を対象にする．

　同じコンクリートであっても，採用する養生方法や養生期間によってコンクリートの圧縮強度およびその他の品質が，著しく異なってくることはよく知られている．暑中期に施工されるコンクリートにおいては，他の季節に施工されるコンクリートに比較して，コンクリートの温度が高く，また外気温も高いためにコンクリートからの水分の蒸発速度が大きくなるなどの特徴がある．このため，暑中期に施工されるコンクリートにおいては，①運搬中のスランプの低下が大きくなる，②打込み・締固め・仕上げ作業が困難になる，③コールドジョイントが生じやすくなる，④プラスチック収縮ひび割れや乾燥収縮ひび割れが生じやすくなる，などの問題点が指摘されている．

　これらの問題点に対処するために，暑中期に施工されるコンクリートにおいては，製造段階では，①材料の選定，②調合設計，③材料・練上がり温度の制御・管理，また建設現場での施工段階では，④コンクリートポンプの輸送管の温度上昇抑制対策，⑤打重ね時間間隔の短縮など，数々の対策がとられている．

　本章では，これらの対策が採用されてコンクリートの打込み・仕上げ作業までが満足に終了したと想定し，その後に続いて行われる養生について規定する．養生は，前記のようにコンクリートの水分と温度を制御することである．

　暑中期に施工されるコンクリートにおける養生で特に重要なのは，水分の制御である．中近東における高温低湿の暑中環境（中近東での暑中昼間の気温は 40～50℃にも達し，湿度は 10%RH 以下に低下する）を対象にして実施された実験に基づく文献によると，水分の制御は極めて重要であることを指摘する記述が多い[1)～4)]．水分の制御は，コンクリートからの蒸発速度が大きい環境条件下においてより重要になるのは当然であろう．中近東の過酷な例を挙げたが，過酷化するわが国の暑中環境下でも水分の制御は非常に重要である．また，適切な養生方法は環境条件だけでなく，コンクリートの材料や調合によっても変わってくる．したがって，コンクリートの所要の品質を確保す

るためには,環境条件とコンクリートの材料や調合などの条件に応じて適切な養生方法を採用することが必要である.

b.コンクリートの養生作業は,墨出し,配筋,型枠の組立てなどの工程と密接に関連し,かつ養生方法や養生期間は前述のようにコンクリートの硬化後の品質を左右するので,施工者は,養生の方法・期間およびそれに用いる資材などを事前に十分に検討して計画を作成し,工事監理者の承認を受ける.

10.2 養生方法

> a.打込み後のコンクリートは,直射日光によるコンクリートの急激な温度上昇および風による水分の逸散を防止し,湿潤に保つための措置を講じる.
> b.湿潤養生は,原則として外部から水を供給する給水養生によって行う.
> c.給水養生が実用的でない場合は,次善の策として養生シートや養生剤等による保水養生を行う.
> d.酷暑期においては,b.またはc.の対策を必須とし,打込み当日からの水分の逸散防止に特に注意を払う.ただし,垂直面に関しては,せき板の存置をこれと同等の対策とみなすこととする.

a.暑中期に施工されるコンクリートでは,他の季節よりも特に気温・日射によるコンクリートの乾燥や風による乾燥に注意を払い,湿潤に保つことが重要である.

b.コンクリート中の水分を制御する方法としては,外部から水を供給する給水養生と,練混ぜに使った水を逸散させない保水養生とに大別できる.給水養生は,散水養生,噴霧養生,湿砂養生,水張り養生(ponding),吸水性のスポンジ質の材料と水分の逸散防止のシートを組み合わせた養生マットを使用した養生手段などがある.これらの養生手段は,いずれも外部から供給した水がコンクリートの蒸発面を常時濡れた状態に保つことを狙ったものである.建設現場では,風による乾燥の影響があるために蒸発面を常時湿潤に保つための管理は容易ではないが,そのための努力は必要である.

保水養生には,コンクリートを不透水性のシートで覆う方法や,コンクリート表面に内部水の逸散を抑制する被膜を形成する養生剤を散布する方法などがある.解説図10.1に,本指針における湿潤養生の方法および手段を示す.

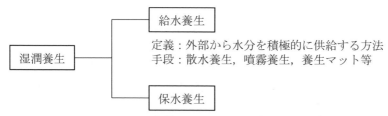

解説図 10.1 本指針における湿潤養生の方法および手段

解説図10.2は，普通ポルトランドセメントを使用した呼び強度27のコンクリートを用いた床スラブを模擬した試験体（約0.8×0.8m，t=200mm）において，暑中期におけるコア供試体の強度および耐久性状に及ぼす養生方法の影響を示したものである[5]．荷卸し時のコンクリート温度の目標値を30℃および35℃とし，打込み日の平均気温はそれぞれ27.8℃（図中における「軽微な暑中期」），32.5℃（図中における「極暑中期」）である．養生方法は給水養生（図中の「打直」，「ブリ-0」，「ブリ-4」，「24h」），シート養生（同「シート24h」）および無養生とし，給水養生はスラブ上面に1〜2cm程度の水を張る方法で行われた．材齢13週におけるコア強度は，24時間後に養生を開始した給水養生（24h）とシート養生（シート24h）で比較すると，給水養生の方が約5〜10N/mm^{2}程度大きくなっていることがわかる．また，ダブルチャンバー法による透気試験結果およびコアの促進中性化結果からも同様の傾向が得られているが，特に「極暑中期」においては，給水養生に対するシート養生の透気係数が「軽微な暑中期」と比較して大きくなっていることから，打込み日の気温が高くなったことでコンクリート表層部の乾燥等の影響が顕著になったものと推察される．

以上から，暑中期においては，給水養生の方が保水養生であるシート養生よりも効果的であることは明らかである．

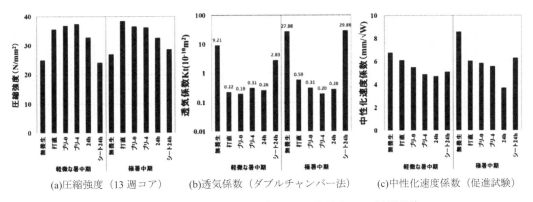

(a)圧縮強度（13週コア）　(b)透気係数（ダブルチャンバー法）　(c)中性化速度係数（促進試験）

解説図10.2　養生方法が圧縮強度および耐久性状に及ぼす影響[5]

解説写真10.1および解説図10.3は，暑中期における高強度コンクリートの表面品質に及ぼす自動散水養生の効果について，実大床スラブ模擬試験体（1.6×2.2m，t=200mm）を対象に行われた実験の様子とその結果の一例である[6]．コンクリートからの水分蒸発量と同等量の散水養生を実施することで，表面強度の上昇に加え，コンクリートの表面温度を20℃，内部温度を10℃低減できるなど，散水養生がコンクリート温度の低減にも有効であることが報告されている．

解説写真 10.1 自動散水養生装置 [6]

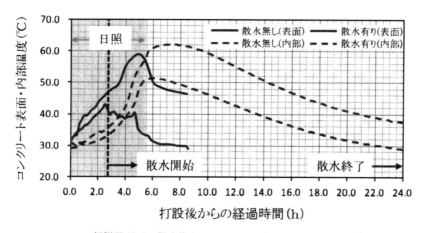

解説図 10.3 散水養生による表面・内部温度の経時変化 [6]

c．暑中期の養生方法としては給水養生を原則としているが，現場の条件によっては給水養生が現実的でない場合がある．給水養生が比較的容易に行えるのは，スラブや梁の上面，すなわち水平部材の上面のみである．壁・柱などの部材側面あるいは鉛直面では給水養生は，一般に困難である．独立柱などでは，吸水性の材料を柱にひもで巻き付けて水を吸わせ，水分の逸散防止のためにさらにその上から不透水性のシートを巻き付けるなどの方法で給水養生を行うことも不可能ではない．ただし，水分の供給は連続的に行わないと効果は少なく，間欠的に水分を供給すると乾燥・湿潤が繰り返されるために，ひび割れなどの問題が生じることを指摘する文献もある [7]．したがって，連続的な給水が必要であるが，そのための現場管理はかなり煩雑である．そのために，部材の側面や鉛直面ではシート養生や養生剤による保水養生が採用されるのが一般的である．しかし，解説図10.2 で示したように，保水養生は給水養生と比較するとその効果は劣るので，注意が必要である．シート養生は不透水性の材料でコンクリートを覆う方法であるが，この際にシートをコンクリートに密着させることが肝要である [8]．シートとコンクリートの間に隙間があり，この部分に通風・換気が生じると養生効果は減少する．密着させることができない場合には，少なくともシート端部から空気の出入りが生じないような措置・工夫が必要である．保水養生は，コンクリートからの水分

の逸散防止を狙ったものであるから，これらの措置が必要かつ有効であることは当然である．

　養生剤は欧米ではよく用いられている材料であるが，水分の逸散防止効果が製品によって，また使用量や塗布・吹付け方法によって大幅に変化することが指摘されている[9),10)]．養生剤には，仕上げ作業の後に，コンクリート表面に散布することで被膜を形成させることにより水分の逸散を抑制する効果のあるものや，仕上げの作業性を補助することを目的とした，水分の逸散防止にはほとんど効果がないものもある．これらの養生剤のうち，本章では，前者の機能を有するものを対象としている．しかしながら，上記したように，種類，塗布量などによって大きく効果が異なるため，使用に先立って事前の検討が必要である．また，養生剤は鉄筋や次に打ち込まれるコンクリートとの付着強度を阻害するので，付着が問題になる部分には塗布しないか，塗布した場合にはサンドブラストなどを用いて，次のコンクリート打込み前にこれを除去しておかなければならない[10)]．

　d．酷暑期に打ち込まれたコンクリートの湿潤養生は極めて重要であり，これを怠ると，構造体コンクリートの強度や耐久性能が目標を満足できない可能性が生じる．そこで，本指針では，酷暑期には給水養生，保水養生のいずれかを行うことを必須とし，打込み当日からの水分の逸散防止に特に注意を払うこととした．ただし，型枠脱型後の垂直面の養生は必ずしも効果的とならないことが多いため，垂直面に関してはせき板の存置をこれらの養生と同様とみなすこととした．

10.3　養生の開始時期

> a．コンクリート上面の養生は，コンクリートの表面からブリーディング水が消失した時点から開始する．
> b．せき板に接した面の養生は，せき板取外し直後から開始する．

　a．解説図 10.4 は，解説図 10.2 の実験とは別の暑中期に実施された床スラブ模擬実験におけるブリーディングの挙動に伴う試験体表層部の水分移動状況を示したものである[12)]．ここで，JIS-BL とは，JIS に規定される方法によるブリーディング試験結果であり，複合法 BL とは，ブリーディングの湧出過程と吸込み過程を測定できる装置で測定したブリーディング試験結果である．また，単位水量とは，高周波加熱乾燥法によるコンクリート表層部の含水量を測定したものである．ブリーディングの終了時間は打込みから約 3 時間（練混ぜから約 4 時間）であり，JIS 法と複合法でほぼ一致していた．なお，JIS 法では蓋をした状態でブリーディング水量を測定するが，複合法ではふたがない状態で測定するため，図中の蒸発量曲線と複合法によるブリーディング曲線が交差する時点が表層部からブリーディング水が消失する時点に相当する．同図より，この時点はブリーディングの終了時間とほぼ一致しており，単位水量（表面含水量）もこの付近から低下している．すなわち，表層部からブリーディング水がなくなり，乾燥が始まっていることがわかる．解説図 10.5 は，同実験で使用したコンクリートの凝結試験結果である[12)]．貫入抵抗値は，練混ぜから約 4 時間付近から増加しており，ブリーディングが終了し，表面含水量が低下した時間とほぼ一致している．解説図 10.6 は，ブリーディング終了時間と，貫入抵抗値が 0.1, 0.5, 1.0N/mm^2 に達した時間との関係を示している[13)]．ブリーディング終了時間は，貫入抵抗値が 0.1〜0.5N/mm^2 に達する時間の間となっている．ブリーディングが終了した時点から表層部が乾燥することで，プラスチック収縮ひび

割れやコールドジョイントが発生しやすくなることは明らかであり，酷暑期においてはより顕著になることが予想される．したがって，湿潤養生は，ブリーディングが終了した時点からできるだけ早い時期に開始することが望ましいといえる．

解説図10.2において，養生の開始時期の影響を見ると（打直：打込み直後に給水養生開始，ブリ-0：ブリーディング水消失直後に給水養生開始，ブリ-4：ブリーディング水消失から4時間後に給水養生開始，24h：材齢24時間後に給水養生開始，シート24h：材齢24時間後にシート養生開始），圧縮強度については，ブリーディング終了から4時間までにおける給水養生の開始時期の影響は，あまり認められない．打込みの翌日にシート養生を開始した場合（シート24h）では，無養生と同程度であり，養生の効果は期待できない．一方，打込みの翌日に給水養生を開始した場合（24h）では，当日に開始したものよりも圧縮強度は低下しているものの，シート養生よりも養生の効果が大きいことがわかる．この傾向は透気性状についても同様の傾向であった．以上から，給水養生は打込み当日に開始した方が望ましいが，翌日に開始しても，ある程度の効果が期待できる．しかしながら，シート養生は打込み翌日では手遅れで，打込み当日に開始する必要がある．

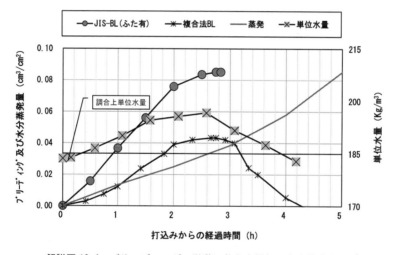

解説図10.4　ブリーディングの挙動に伴う表層部の水分移動状況[12]

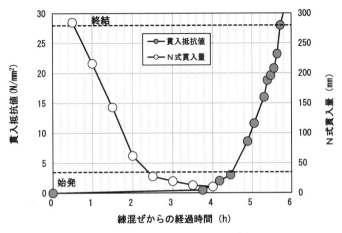

解説図 10.5 凝結試験結果[12]

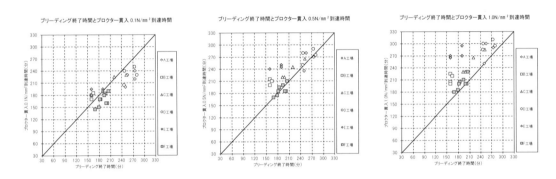

解説図 10.6 ブリーディング終了時間と貫入抵抗値に達した時間の関係[13]

b. せき板に接している面は，せき板自体がかなりの水分逸散抑制効果を持っているので，上面の露出面に比較すれば養生条件はかなり良いはずであり，保水養生に相当する程度の養生条件が保たれているものと推定される．したがって，部材側面のせき板に接した面の養生はせき板の取外し後からただちに開始すればよいものと判断される．

10.4 養生期間

> a. 普通ポルトランドセメントを用いたコンクリートの湿潤養生期間は，5 日間以上とする．その他のセメントを用いた場合の湿潤養生期間は JASS 5 8.2a による．せき板に接した面は，せき板の取外しまでの期間をこの期間に含めることができる．
> b. 養生終了後は，コンクリートが急激に乾燥しないような措置を講じる．

a. 解説図 10.7 は，暑中期において普通ポルトランドセメントを用い，水セメント比が 55％の円柱供試験体を対象として養生開始時期および養生期間を変化させた場合の 28 日現場水中養生の圧縮強度と，養生後に室内の大気中に 1 年間静置した場合の炭酸化（中性化）深さの結果である[14]．これらの図より，養生開始時期による違いはあるものの，養生期間が 5 日程度で，27 日現場水中養生強度と同等の強度が得られている．また，炭酸化（中性化）深さについても，養生期間が 5 日程

度で，28日標準養生に近い値まで炭酸化（中性化）が抑制されている．

解説図10.8は，上記の円柱供試体における結果を実大レベルの試験体で確認するために，床スラブ模擬試験体において，養生期間を5日間とした場合の管理用供試体（7d, 28d, 91d）とコア供試体（コア-91d）の圧縮強度試験結果を示したものである[12]．暑中期においては，管理用供試体は5日間の養生を行えば，標準養生と同等の圧縮強度が得られていることがわかる．また，コア強度においても，5日間の給水養生を行うことで28日標準養生供試体と同等の圧縮強度が得られている．

以上から，暑中期に施工されるコンクリートにおいては，上記10.2および10.3で規定した養生方法と養生開始時期を守る限り，普通ポルトランドセメントを用いたコンクリートでは，27日現場水中養生や28日標準養生を行ったコンクリートと同等の強度や中性化抵抗性が得られている．したがって，湿潤養生の期間は，計画供用期間の級にかかわらず5日間以上とした．その他のセメントについては，従来どおり JASS 5 8.2a によることとした．なお，JASS 5 8.2b では，湿潤養生期間の終了以前であっても，所定の強度以上に達したことを確認すれば以降の養生を打ち切ることができるように規定されているが，暑中期においては，極早期に養生を終了させると表層部の組織がポーラスとなり，耐久性が損なわれることが指摘されている[15]ことから，本指針では，JASS 5 8.2bの規定に拠らず，湿潤養生の期間を養生期間のみで管理することとした．

木製型枠を用いて成形した厚さ 18cm の壁部材の模型を用いて種々の養生条件を施し，この模型から切り出したコア試験体の圧縮強度や中性化深さを $\phi 10 \times 20$ cm のモールド成形試験体の結果と比較した実験がある[16]．この実験では，モールド成形試験体では養生条件の影響が顕著に現れるが，コア試験体では現れにくいこと，すなわち，試験体の形状・寸法により吸水や乾燥条件が異なるために，同じ養生を施してもその効果が異なって現れること，また，壁部材に用いたせき板の養生効果がかなり大きいことが示されている．このように，実際の寸法・形状の部材での適切な養生方法についてはまだ研究すべき課題が多く残されているが，木製せき板の養生効果が大きいことは確かなようである．したがって，せき板に接した面は，せき板の取外しまでの期間を養生期間に含めることができることとした．

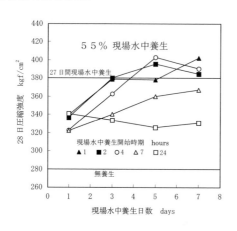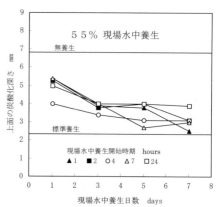

解説図 10.7 養生期間が圧縮強度に及ぼす影響（円柱供試体）[14]

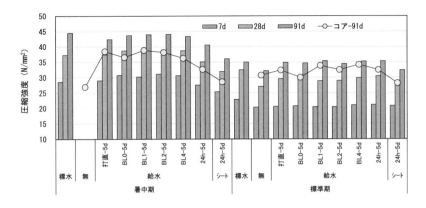

解説図 10.8　養生期間が圧縮強度に及ぼす影響（床スラブ模擬試験体）[12]

b．養生終了後は，コンクリートを緩やかに乾燥させることが重要である．急激な乾燥はコンクリートのひび割れ発生などのおそれがあるからである．緩やかに乾燥させるための措置は，現場の条件に応じて工夫する必要がある．例えば養生マットを用いて給水養生を行った場合，養生終了後に突然マットを撤去して直射日光にさらすようなことをせずに，給水だけを打ち切り，後は自然に緩やかに乾燥させ，マットが乾燥してから撤去するなどの措置が必要である．緩やかな乾燥は極めて重要であり，ACI[11]では給水養生終了後に緩やかに乾燥させることを目的にして，さらに養生剤を使用することまで規定している．

参　考　文　献

1) Ravina D., Shalon R. "Plastic shrinkage cracking", ACI Journal, Vol .65, pp.282-292
2) Shalon R, Ravina D, "Studies in concreting in hot countries", Proceedings of Inter.RILEM Symp. on "Concrete and Reinforced Concrete in Hot Countries", BRS, Haifa, Israel, Vol. I, 1960
3) Van Dijk J., Boardman V.R. "Plastic shrinkage cracking of concrete". Proceedings of Inter.RILEM Symp. on "Concrete and Reinforced Concrete in Hot Countries", BRS, Institute of Technology, Haifa, Vol. I, pp. 225-239, 1971
4) Omer Z. Cebici, "Strength of concrete in warm and dry environment", Materials and Structures, Vol.20, pp. 270-272, 1987
5) 申相澈，小山智幸ほか：暑中環境で施工される床スラブコンクリートの適切な養生方法に関する研究，日本建築学会大会学術講演梗概集，pp. 761-762，2015.9
6) 堀田和宏，坂上肇ほか：自動散水養生が暑中期における高強度コンクリートの表層品質に与える効果，日本建築学会大会学術講演梗概集，pp. 487-489，2017.8
7) Said Taryl M et al, "The effect of practical curing methods used in Saudi Arabia on compressive strength of plain concrete", CEMENT and CONCRETE RESEARCH, Vol. 16, No. 5, pp.633-645, 1986
8) The CIRIA Guide to concrete construction in the Gulf region, CIRIA SPECIAL PUBLICATION 31, 1984
9) Ephraim Senbetta, "Concrete curing practices in the United States", Concrete International, pp.64-67, 1988.11
10) Ephraim Senbetta, "Curing compound selection", Concrete International, pp.65-67, 1989.2
11) Hot Weather Concreting, ACI Committee 305, ACI Material Journal, pp.417-436, 1991.7
12) 申相澈：国内の酷暑環境下で施工される構造体コンクリートの品質管理に関する研究，九州大学学位論文，2018
13) 公益社団法人日本コンクリート工学会近畿支部：土木構造物における暑中コンクリート工事の対策検討

ガイドライン，2018.6
14) 日本建築学会：暑中コンクリートの施工指針（案）・同解説，2000
15) 小山智幸，小山田英弘ほか：暑中コンクリート工事における品質管理に関する研究　湿潤養生期間にする実大模擬部材実験，日本建築学会大会学術講演梗概集，pp.651-652，2017.8
16) 桜本文敏ほか：せき板の存置期間および初期養生がコンクリートの品質に及ぼす影響　その1〜その3，日本建築学会大会学術講演梗概集，pp.117-122，1987.10

11章　品質管理および検査

11.1　総　　則

> 暑中コンクリート工事における品質管理および検査は JASS 5 による．

　本指針は，2018 年版の JASS 5 を最新のデータや知見によって補足するものであり，品質管理・検査については JASS 5 の 13 節によればよい．

11.2　品質管理上の留意事項

> a．コンクリートの練上がり温度を使用材料の冷却により低下させる場合は，材料の温度管理を行い，所定の練上がり温度が得られるようにする．
> b．フレッシュコンクリートの試験を行う場所は，直射日光の影響等を避けることのできる場所とする．
> c．運搬および待ち時間が長くなった場合には，コンクリート温度の測定頻度を高くし，急激な品質の変化に備える．
> d．コンクリート温度が高くなりすぎるとコンクリート中へ空気が連行しにくくなることがあるため，空気量の測定頻度を高くする．
> e．コンクリートの練混ぜから打込み終了までの時間を限度内に収めるように管理する．
> f．作業員や試験員の作業状況には常に注意を払い，快適な環境下で作業できるように管理する．
> g．採取後の供試体は，直射日光を避けて日陰に静置する．標準養生を行う供試体は，現場事務所内などのできるだけ 20℃に近い環境に静置する．また，現場水中養生または現場封かん養生を行う供試体は，実際の構造体に近い温度履歴となるようにする．

　a．使用材料の冷却によってコンクリートの練上がり温度を抑制する場合は，材料の温度管理を行うこととする．材料の冷却方法はさまざまであるが，練混ぜ水をチラーで冷却する方法や，骨材を液体窒素で冷却する方法などがある．このような手法によって材料温度を低下させる場合は，あらかじめ計算によってコンクリートの練上がり温度から逆算した材料温度の上限を計算していることが多い．したがって，コンクリートが所定の温度となるように，計算上必要な温度まで材料温度が下がっているのかを管理することが重要となる．

　b．炎天下でフレッシュコンクリートの試験を行うと，アジテータトラックから採取したコンクリートの温度が急激に上昇したり，スランプ試験に用いる試験器具が高温になったりすることにより，本来の試験値が得られなくなることがある．そこで，試験場所は日陰とすることが望ましい．なお，暑中期の温度の測定においては，温度計が高温となった採取容器などに接触すると本来よりも高い温度となることがあるので，温度計の設置位置を採取容器の中央とすることが望ましい．

　c．運搬や待ち時間が長いと，トラックアジテータの中でコンクリートの品質がどのように変化しているかが把握しづらくなる．スランプの変化などはトラックアジテータを覗き込めばある程度把握することも可能であるが，コンクリート温度は，測定しないと把握することは難しい．そこで，

運搬および待ち時間が長くなった場合には，コンクリート温度の測定頻度を高くし，急激な品質の変化に備えることとした．

なお，JIS A 1156（フレッシュコンクリートの温度測定方法）も 2006 年の制定から 10 年以上が経過し，フレッシュコンクリートの温度測定も厳格化している．JIS A 1156 制定時に行われた調査において，解説図 11.1 に示すように，市販品が他の種類の温度計よりも 1℃程度低いことが指摘[1]されていたアルコール温度計の使用についても，昨今では使用可否の議論となることがある．また，解説図 11.2 に示すように，温度計の種類によって温度が安定するまでの時間に違いがあり，デジタル温度計や水銀温度計であれば 30 秒程度の測定で妥当な数値が得られるが，アルコール温度計では 1 分以上，バイメタル温度計では 3 分以上の測定時間が必要と考えられている．

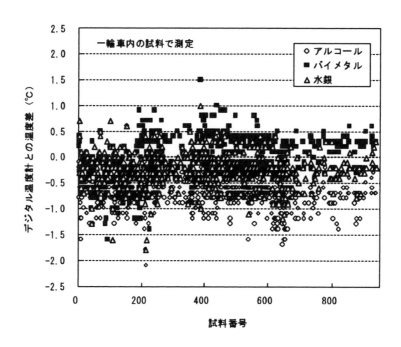

解説図 11.1　各種温度計とデジタル温度計との温度差[1]

11章 品質管理および検査 — 131 —

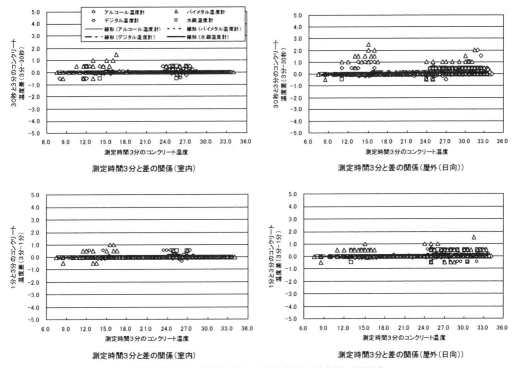

解説図 11.2 測定場所別の測定時間と温度差の関係[1]

d．コンクリート温度が高くなりすぎると，コンクリート中へ空気が連行しにくくなることがある．この知見は，過去の実験で，高温になるとAE剤による連行空気が減少していたことなどに基づいている[2]．現在ではさまざまな化学混和剤が存在するため，すべてのAE剤に温度の影響が顕著に現われるとは限らないが，留意すべき事項の一つとして明文化した．

e．コンクリートの練混ぜから打込み終了までの時間を限度内に収めるように管理することは当然であるが，スランプの変化が早い暑中環境下では特に留意すべき事項であるので，明文化した．

f．昨今では，作業をしているわけではない歩行者でも熱中症で搬送されることが多くなっている．ヘルメット着用で作業をする作業員や試験員の過酷さはこの比ではなく，暑さに対して十分な配慮をしなければ，品質の低下や試験結果の誤差などにもつながっていく．そこで，作業員や試験員の作業状況には常に注意を払い，快適な環境下で作業できるように管理することとした．

g．昨今，標準養生した供試体によって構造体コンクリート強度を管理するようになり，採取直後の供試体の管理方法の違いが，標準養生した供試体の圧縮強度に及ぼす影響などが議論となっている．解説図 11.3 はそのような検討例の一つで，供試体を採取し，翌日脱型して20℃水中養生槽に入れるまでの約1日の初期養生温度の違いが，標準養生供試体の圧縮強度に及ぼす影響を調べたものである．凡例で，記号NとMは普通および中庸熱ポルトランドセメントを示し，数値は水セメント比を示している．この図からわかるように，わずか1日の初期養生であっても，暑中期間のような高温下で採取した供試体を放置すれば，著しく強度低下することになる．そこで，今回の指針改定では，採取後の供試体は，直射日光を避けて日陰に静置することや，標準養生を行う供試体は，

現場事務所内などのできるだけ20℃に近い環境に静置することなどを明確に示すこととした．また，供試体を温度環境の整った試験室に早めに移動したいといった観点から，採取後すぐに運搬するケースもあるが，解説図11.4に示すように，舗装された道路を供試体の運搬車が走行した時の運搬振動であっても，供試体には，振動機による再振動と似た強度変化が生じることがある．採取した日に運搬する場合は，このような点にも配慮する必要がある．

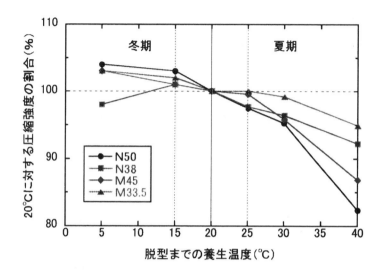

解説図11.3 脱型までの初期養生温度の違いが標準養生供試体の圧縮強度に及ぼす影響[3]

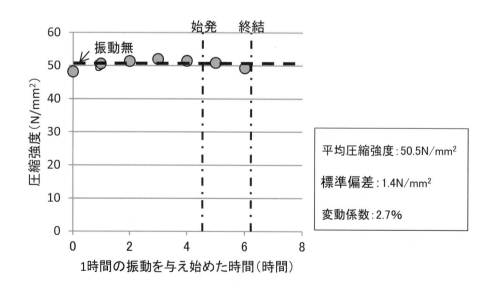

解説図11.4 運搬振動開始時間と圧縮強度の関係[4]

また，解説図11.5に示すように，積算温度の観点から高温下で圧縮強度は向上すると考えがちであった現場水中養生供試体も，35℃を超えるような高温下で供試体を採取すると圧縮強度が低下するというデータも報告されている．どのような環境でも問題なく管理できるわけではないので，猛暑日などの現場養生供試体の取扱いには注意が必要である．

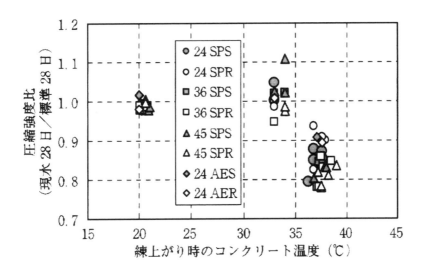

解説図11.5　練上がり時のコンクリート温度の違いが現場水中養生供試体の圧縮強度に及ぼす影響[5]

参考文献

1) 鈴木澄江ほか：フレッシュコンクリートの温度測定に関する実験的検討，コンクリート工学年次論文集，Vol.26, No.1, pp.663-668, 2004.7
2) 例えば，武田昭彦：暑中の生コンクリート，コンクリート・ジャーナル，Vol.4, No.6, pp.40-46, 1966.6
3) 片山行雄ほか：脱型までの温度が管理用供試体の圧縮強度に及ぼす影響，日本建築学会大会学術講演梗概集，pp.617-618, 2014.9
4) 小山善行ほか：車両運搬による材齢初期の振動が高強度コンクリートの供試体の圧縮強度に及ぼす影響，日本建築学会構造系論文集，第692号，pp.1665-1671, 2013.10
5) 山崎順二ほか：暑中コンクリート工事における対策の概要，GBRC, Vol.39, No.1, pp.13-22, 2014.1

資　　　料

資料1. 暑中コンクリート工事の適用期間の求め方

1.1 過去10年間の日平均気温の平滑値（平年値〔10年〕）から求める方法

　気象庁の気象観測地点[1]のうち，工事予定地に近い観測地点で得られた過去10年間の日平均気温の平滑値などから求める方法である．可能な限り直近のデータを用いることが望ましい．また，予定地により近い地点において信頼できるデータが入手できる場合はそれを用いてもよい．以下に算定手順を示す．

1)資料図1.1のように，過去10年間の日平均気温を入手し，日ごとにその平均値を求める．

6月/日	各年における日ごとの日平均気温(℃)										平均 (℃)	移動平均(℃)		
	2009	2010	2011	2012	2013	2014	2015	2016	2017	2018		1回目	2回目	3回目
15	21.7	21.4	22.0	23.4	24.5	23.8	24.5	25.3	23.7	22.5	23.3			
16	21.8	23.9	19.8	21.6	25.0	23.7	22.6	24.5	23.0	22.1	22.8			
17	23.5	24.9	20.7	23.2	26.2	20.2	21.9	24.1	22.6	25.3	23.3			
18	26.7	24.3	20.9	21.9	28.5	19.6	20.9	25.0	23.0	24.5	23.5			
19	26.7	25.0	20.9	22.3	28.1	22.5	21.6	26.1	25.5	23.5	24.2			
20	26.7	24.5	24.0	22.7	24.0	23.8	22.2	25.6	23.7	22.4	24.0			
21	26.6	24.6	25.4	21.7	21.2	22.9	22.8	25.4	22.4	24.3	23.7			
22	27.9	25.1	27.7	22.7	22.5	21.3	22.0	24.0	23.7	24.7	24.2			
23	23.5	24.0	30.1	23.6	21.9	22.1	23.6	24.0	25.2	22.3	24.0			
24	24.8	24.3	31.0	22.0	22.1	23.3	23.5	27.4	23.8	24.3	24.7			
25	25.2	23.3	28.4	22.1	24.1	23.5	24.9	23.0	23.1	25.7	24.3			
26	25.6	24.9	27.8	24.3	22.3	22.9	26.3	24.4	24.0	27.6	25.0			
27	26.5	25.8	24.9	22.1	23.3	23.0	21.0	20.8	24.0	28.8	24.0			
28	25.9	24.7	29.5	22.7	25.2	24.2	22.2	21.0	24.4	28.9	24.9			
29	26.1	24.4	28.7	24.4	26.3	25.7	23.5	23.3	24.4	25.4	25.2			
30	24.6	24.3	27.4	27.9	25.7	25.0	23.5	25.0	27.9	24.8	25.6			

資料図1.1 暑中期間の算定方法1（日平均気温の平均値の算定）

2) 1)で求めた「過去10年間の日平均気温の平均値」について，前後9日間の移動平均を求める．具体的には資料図1.2のように，例えば6月21日の値として，その4日前の6月21日から4日後の6月25日までの9日間（6月21日も含む）の「過去10年間の日平均気温の平均値」の平均値を計算し，これを用いる．他の日に関しても同様に平均値（算定対象を移動させながら平均値を求めるため移動平均と呼ばれる）を求める．このようにして算定した，資料図1.2中の「1回目」の移動平均の列に対し，同様に「2回目」の移動平均を行い〔資料図1.3参照〕，その結果に対してさらに「3回目」の移動平均を繰り返す〔資料図1.4参照〕．このような移動平均による平滑化はKZフィルターを呼ばれ，平年値の計算においても用いられている．データの短期的な変動による凹凸を平滑化し，より長期的な傾向を把握するために用いられる手法である．資料図1.4のように，「3回目」の移動平均を終えた値，すなわち日平均気温の日別平滑値の中で，初めて25.0℃を超えた日が暑中期の開始日となる．同様の計算を10月（地域によっては9月）についても行い〔資料図1.5参照〕，日平均気温の日別平滑値が最後に25.0℃を超えた日が暑中期の終了日となる．よって，資料図1.1～1.5の例では，暑中期は6月28日から10月13日の間であり，本指針に従えば，この期間を基準に暑中コンクリート工事の適用期間を定めることになる．資料2に算定結果の例を示している．なお，酷暑期も同様に算定することができる．

資料図1.2 暑中期の算定方法2（1回目の移動平均の算定）

6月/日	各年における日ごとの日平均気温(℃)										平均(℃)	移動平均(℃)		
	2009	2010	2011	2012	2013	2014	2015	2016	2017	2018		1回目	2回目	3回目
15	21.7	21.4	22.0	23.4	24.5	23.8	24.5	25.3	23.7	22.5	23.3	23.3		
16	21.8	23.9	19.8	21.6	25.0	23.7	22.6	24.5	23.0	22.1	22.8	23.4		
17	23.5	24.9	20.7	23.2	26.2	20.2	21.9	24.1	22.6	25.3	23.3	23.4		
18	26.7	24.3	20.9	21.9	28.5	19.6	20.9	25.0	23.0	24.5	23.5	23.6		
19	26.7	25.0	20.9	22.3	28.1	22.5	21.6	26.1	25.5	23.5	24.2	23.7		
20	26.7	24.5	24.0	22.7	24.0	23.8	22.2	25.6	23.7	22.4	24.0	23.8		
21	26.6	24.6	25.4	21.7	21.2	22.9	22.8	25.4	22.4	24.3	23.7	24.0		
22	27.9	25.1	27.7	22.7	22.5	21.3	22.0	24.0	23.7	24.7	24.2	24.2		
23	23.5	24.0	30.1	23.6	21.9	22.1	23.6	24.0	25.2	22.3	24.0	24.2		
24	24.8	24.3	31.0	22.0	22.1	23.3	23.5	27.4	23.8	24.3	24.7	24.3		
25	25.2	23.3	28.4	22.1	24.1	23.5	24.9	23.0	23.1	25.7	24.3	24.4		
26	25.6	24.9	27.8	24.3	22.3	22.9	26.3	24.4	24.0	27.6	24.0			
27	26.5	25.8	24.9	22.1	23.3	23.0	21.0	20.8	24.0	28.8	24.0			
28	25.9	24.7	29.5	22.7	25.2	24.2	22.2	21.0	24.4	28.9	24.9			
29	26.1	24.4	28.7	24.4	26.3	25.7	23.5	23.3	24.4	25.4	25.2	25.4		
30	24.6	24.3	27.4	27.9	25.7	25.0	23.5	25.0	27.9	24.8	25.6	25.6		

6/17〜6/25の9日間の平均値を、この間の中央となる6/21の値として採用する。（他の日も同様に算定する）

資料図1.3 暑中期の算定方法3（2回目の移動平均の算定）

6月/日	各年における日ごとの日平均気温(℃)										平均(℃)	移動平均(℃)		
	2009	2010	2011	2012	2013	2014	2015	2016	2017	2018		1回目	2回目	3回目
15	21.7	21.4	22.0	23.4	24.5	23.8	24.5	25.3	23.7	22.5	23.3	23.3	23.3	
16	21.8	23.9	19.8	21.6	25.0	23.7	22.6	24.5	23.0	22.1	22.8	23.4	23.4	
17	23.5	24.9	20.7	23.2	26.2	20.2	21.9	24.1	22.6	25.3	23.3	23.4	23.5	
18	26.7	24.3	20.9	21.9	28.5	19.6	20.9	25.0	23.0	24.5	23.5	23.6	23.6	
19	26.7	25.0	20.9	22.3	28.1	22.5	21.6	26.1	25.5	23.5	24.2	23.7	23.7	
20	26.7	24.5	24.0	22.7	24.0	23.8	22.2	25.6	23.7	22.4	24.0	23.8	23.8	
21	26.6	24.6	25.4	21.7	21.2	22.9	22.8	25.4	22.4	24.3	23.7	24.0	24.0	
22	27.9	25.1	27.7	22.7	22.5	21.3	22.0	24.0	23.7	24.7	24.2	24.2	24.1	
23	23.5	24.0	30.1	23.6	21.9	22.1	23.6	24.0	25.2	22.3	24.0	24.2	24.2	
24	24.8	24.3	31.0	22.0	22.1	23.3	23.5	27.4	23.8	24.3	24.7	24.3	24.4	
25	25.2	23.3	28.4	22.1	24.1	23.5	24.9	23.0	23.1	25.7	24.3	24.4	24.6	
26	25.6	24.9	27.8	24.3	22.3	22.9	26.3	24.4	24.0	27.6				
27	26.5	25.8	24.9	22.1	23.3	23.0	21.0	20.8	24.0	28.8				
28	25.9	24.7	29.5	22.7	25.2	24.2	22.2	21.0	24.4	28.9				
29	26.1	24.4	28.7	24.4	26.3	25.7	23.5	23.3	24.4	25.4				
30	24.6	24.3	27.4	27.9	25.7	25.0	23.5	25.0	27.9	24.8	25.6	25.6	25.5	

6/17〜6/25の9日間の平均値を、この間の中央となる6/21の値として採用する。（他の日および3回目も同様に算定する）

資料図1.4 暑中期の算定方法4（3回目の移動平均の算定と暑中期の開始日）

6月/日	各年における日ごとの日平均気温(℃)										平均(℃)	移動平均(℃)		
	2009	2010	2011	2012	2013	2014	2015	2016	2017	2018		1回目	2回目	3回目
15	21.7	21.4	22.0	23.4	24.5	23.8	24.5	25.3	23.7	22.5	23.3	23.3	23.3	23.3
16	21.8	23.9	19.8	21.6	25.0	23.7	22.6	24.5	23.0	22.1	22.8	23.4	23.4	23.4
17	23.5	24.9	20.7	23.2	26.2	20.2	21.9	24.1	22.6	25.3	23.3	23.4	23.5	23.5
18	26.7	24.3	20.9	21.9	28.5	19.6	20.9	25.0	23.0	24.5	23.5	23.6	23.6	23.6
19	26.7	25.0	20.9	22.3	28.1	22.5	21.6	26.1	25.5	23.5	24.2	23.7	23.7	23.7
20	26.7	24.5	24.0	22.7	24.0	23.8	22.2	25.6	23.7	22.4	24.0	23.8	23.8	23.9
21	26.6	24.6	25.4	21.7	21.2	22.9	22.8	25.4	22.4	24.3	23.7	24.0	24.0	24.0
22	27.9	25.1	27.7	22.7	22.5	21.3	22.0	24.0	23.7	24.7	24.2	24.2	24.1	24.1
23	23.5	24.0	30.1	23.6	21.9	22.1	23.6	24.0	25.2	22.3	24.0	24.2	24.2	24.3
24	24.8	24.3	31.0	22.0	22.1	23.3							24.4	24.4
25	25.2	23.3	28.4	22.1	24.1	23.5							24.6	24.6
26	25.6	24.9	27.8	24.3	22.3	22.9							24.8	24.8
27	26.5	25.8	24.9	22.1	23.3	23.0	21.0	20.8	24.0	28.8	24.0		24.9	25.0
28	25.9	24.7	29.5	22.7	25.2	24.2	22.2	21.0	24.4	28.9	24.9	25.2	25.1	25.2
29	26.1	24.4	28.7	24.4	26.3	25.7	23.5	23.3	24.4	25.4	25.2	25.4	25.3	25.3
30	24.6	24.3	27.4	27.9	25.7	25.0	23.5	25.0	27.9	24.8	25.6	25.6	25.5	25.5

3回目の移動平均値が初めて25.0℃を超えた日（6/28）が暑中期の開始日となる

暑中期

10月/日	各年における日ごとの日平均気温(℃)										平均(℃)	移動平均(℃)		
	2009	2010	2011	2012	2013	2014	2015	2016	2017	2018		1回目	2回目	3回目
1	25.9	31.1	28.9	25.4	23.7	25.3	25.3	25.7	25.6	25.5	26.2	26.6	26.6	26.7
2	25.9	30.6	28.2	26.9	24.7	26.4	24.7	24.0	25.2	27.3	26.4	26.4	26.4	26.5
3	26.8	30.1	25.4	27.0	21.2	26.9	24.9	25.9	25.1	28.7	26.2	26.0	26.3	26.3
4	27.5	30.4	25.1	27.7	22.6	24.3	25.5	26.6	24.8	28.0	26.3	26.0	26.1	26.2
5	26.3	29.3	24.6	25.7	24.2	25.5	24.2	26.7	24.6	27.8	25.9	25.9	26.0	26.0
6	26.1	28.9	24.5	26.4	25.4	24.8	22.8	27.0	27.1	26.3	25.9	25.8	25.9	25.9
7	25.7	27.7	24.9	27.6	24.1	25.7	23.7	26.5	24.8	25.8	25.7	25.8	25.8	25.8
8	24.8	25.0	26.5	26.9	25.0	25.5	23.5	24.7	24.9	21.8	24.9	25.7	25.7	25.7
9	24.8	26.8	27.5	26.5	25.6	25.3	22.3	25.8	25.3	22.8	25.3	25.6	25.6	25.6
10	24.8	28.3	28.1	24.7	26.0	25.9	22.3	26.1	26.5	23.1	25.6	25.5	25.5	25.5
11	25.6	30.2	28.2	25.2	26.9	25.2	22.1	26.6	27.5	24.3	26.2	25.4	25.4	25.4
12	22.4	28.9	28.3	25.8	27.6	23.8	22.4	22.5	26.0	25.6	25.3	25.3	25.3	25.3
13	23.6	25.7	28.3	27.1	28.7	24.4	22.3	24.7	24.9	25.6	25.5	25.4	25.2	25.2
14	23.3	25.5	28.4	26.2	28.7	23.6	21.5	24.9	23.2	26.4	25.2	25.3		25.0
15	23.0	24.6	29.5	25.4	27.0	24.6	22.6	25.5	22.9	26.7	25.2		24.9	24.9
16	23.0	25.4	27.7	24.9	25.5	25.2	21.3							24.8

3回目の移動平均値が25.0℃を超えた最後の日（10/13）が暑中期の終了日となる

暑中期

資料図1.5 暑中期の算定方法5（暑中期の終了日）

1.2 平年値による場合

気象庁がホームページ[1])などで公表している気象データから，日平均気温の平年値が25.0℃を超える期間の始期と終期を求める．本会JASS 5には，本方法によって求められた期間が解説表に掲載されている．平年値による方法によれば適用期間の算定あるいは入手が容易である反面，本指針1.2に示したように，温暖化の影響による実態との乖離について注意が必要である．資料2に算定結果の例を示している．

参 考 文 献
1) 気象庁ホームページ：気象統計観測の解説(https://www.jma.go.jp/jma/menu/menureport.html)

資料2. 暑中コンクリート工事の適用期間の算定結果の例

2.1 平年値〔10年〕と平年値による暑中期の算定結果の例

資料表2.1 暑中期の算定結果の例

地 名		日平均気温の10年間（2009～2018年）の日別平滑値が25.0℃を超える月・日			平年値【日平均気温の30年間（1981～2010年）の日別平滑値】が25℃[*1]を超える月・日		
		開始日	終了日	日数	開始日	終了日	日数（差）
東北地方	秋　　田	7月26日	8月21日	27	8月2日	8月17日	16(-11)
	会津若松	7月19日	8月21日	34	7月27日	8月17日	22(-12)
	酒　　田	7月22日	8月26日	36	7月27日	8月21日	26(-10)
	山　　形	7月22日	8月21日	31	7月28日	8月14日	18(-13)
	福　　島	7月9日	8月25日	48	7月26日	8月20日	26(-22)
関東地方	宇 都 宮	7月8日	8月29日	53	7月24日	8月28日	36(-17)
	前　　橋	7月4日	9月3日	62	7月17日	9月2日	48(-14)
	熊　　谷	7月3日	9月7日	67	7月15日	9月5日	53(-14)
	水　　戸	7月10日	8月27日	49	7月29日	8月20日	23(-26)
	秩　　父	7月11日	8月23日	44	7月25日	8月20日	27(-17)
	銚　　子	7月27日	9月1日	37	8月4日	8月28日	25(-12)
	東　　京	7月4日	9月2日	61	7月16日	9月4日	51(-10)
	横　　浜	7月5日	9月9日	67	7月16日	9月6日	53(-14)
	勝　　浦	7月27日	9月5日	41	7月30日	9月2日	35(-6)
中部地方	輪　　島	7月13日	8月28日	47	7月24日	8月26日	34(-13)
	相　　川	7月19日	8月30日	43	7月25日	8月30日	37(-6)
	新　　潟	7月13日	8月30日	49	7月21日	9月1日	43(-6)
	金　　沢	7月4日	9月4日	63	7月16日	9月4日	51(-12)
	富　　山	7月6日	9月2日	59	7月18日	9月1日	46(-13)
	長　　野	7月15日	8月22日	39	7月26日	8月20日	26(-13)
	福　　井	7月3日	9月4日	64	7月14日	9月4日	53(-11)
	敦　　賀	7月2日	9月7日	68	7月12日	9月6日	57(-11)
	岐　　阜	6月28日	9月12日	77	7月5日	9月11日	69(-8)
	名 古 屋	6月29日	9月12日	76	7月5日	9月11日	69(-7)
	甲　　府	7月4日	9月6日	65	7月12日	9月5日	56(-9)
	浜　　松	7月5日	9月9日	67	7月9日	9月11日	65(-2)
	静　　岡	7月4日	9月12日	71	7月9日	9月10日	64(-7)
	三　　島	7月4日	9月9日	68	7月11日	9月8日	60(-8)
	石 廊 崎	7月14日	9月6日	55	7月24日	9月5日	44(-11)
近畿地方	上　　野	7月5日	9月2日	60	7月14日	9月1日	50(-10)
	津	6月30日	9月11日	74	7月6日	9月10日	67(-7)
	尾　　鷲	7月7日	9月5日	61	7月11日	9月6日	58(-3)
	豊　　岡	7月4日	9月1日	60	7月13日	9月2日	52(-8)
	京　　都	6月27日	9月11日	77	7月3日	9月10日	70(-7)
	彦　　根	7月4日	9月7日	66	7月13日	9月6日	56(-10)
	姫　　路	7月4日	9月7日	66	7月8日	9月8日	63(-3)
	神　　戸	6月29日	9月16日	80	7月3日	9月16日	76(-4)
	大　　阪	6月26日	9月14日	81	6月30日	9月15日	78(-3)
	和 歌 山	6月29日	9月14日	78	7月1日	9月13日	75(-3)
	潮　　岬	7月8日	9月8日	63	7月10日	9月11日	64(1)
	奈　　良	6月27日	9月4日	70	7月9日	9月4日	58(-12)

資料表 2.1 （つづき）

地 名		日平均気温の 10 年間（2009〜2018 年）の日別平滑値が 25.0℃を超える月・日			平年値【日平均気温の 30 年間（1981〜2010 年）の日別平滑値】が 25℃[*1]を超える月・日		
		開始日	終了日	日数	開始日	終了日	日数
中国地方	松 江	7月6日	9月2日	59	7月15日	9月2日	50(-9)
	境	7月5日	9月3日	61	7月13日	9月4日	54(-7)
	米 子	7月4日	9月2日	61	7月12日	9月3日	54(-7)
	鳥 取	7月3日	9月2日	62	7月11日	9月3日	55(-7)
	萩	7月5日	9月2日	60	7月10日	9月3日	56(-4)
	浜 田	7月7日	8月31日	56	7月14日	9月2日	51(-5)
	津 山	7月9日	8月28日	51	7月18日	8月29日	43(-8)
	下 関	7月5日	9月12日	70	7月7日	9月11日	67(-3)
	広 島	7月1日	9月12日	74	7月3日	9月12日	72(-2)
	福 山	7月3日	9月8日	68	7月7日	9月8日	64(-4)
	岡 山	7月1日	9月4日	66	7月1日	9月12日	74(8)
四国地方	松 山	6月30日	9月11日	74	7月3日	9月11日	71(-3)
	高 松	6月28日	9月13日	78	7月1日	9月11日	73(-5)
	宇和島	7月2日	9月10日	71	7月3日	9月11日	71(0)
	高 知	7月1日	9月14日	76	7月3日	9月13日	73(-3)
	徳 島	7月1日	9月13日	75	7月4日	9月13日	72(-3)
	清 水	7月4日	9月19日	78	7月4日	9月18日	77(-1)
	室戸岬	7月13日	9月4日	54	7月17日	9月6日	52(-2)
九州地方	平 戸	7月12日	9月1日	52	7月16日	9月3日	50(-2)
	福 岡	6月28日	9月13日	78	7月1日	9月12日	74(-4)
	飯 塚	7月3日	9月2日	62	7月6日	9月5日	62(0)
	佐世保	7月2日	9月13日	74	7月5日	9月12日	70(-4)
	佐 賀	6月30日	9月13日	76	7月3日	9月10日	70(-6)
	日 田	7月2日	9月5日	66	7月3日	9月6日	66(0)
	大 分	7月3日	9月10日	70	7月5日	9月9日	67(-3)
	長 崎	7月3日	9月14日	74	7月4日	9月14日	73(-1)
	熊 本	6月30日	9月15日	78	6月30日	9月15日	78(0)
	延 岡	7月5日	9月9日	67	7月5日	9月7日	65(-2)
	人 吉	7月6日	9月3日	60	7月6日	9月4日	61(1)
	鹿児島	6月26日	9月24日	91	6月24日	9月23日	92(1)
	都 城	7月3日	9月10日	70	7月2日	9月8日	69(-1)
	宮 崎	6月30日	9月14日	77	6月28日	9月11日	76(-1)
	名 瀬	6月9日	10月7日	121	6月12日	10月4日	115(-6)
沖縄	那 覇	5月26日	10月22日	150	6月2日	10月17日	138(-12)

[注]＊1：厳密には 25.0℃

2.2 平年値〔10年〕による暑中期と酷暑期の算定結果の例

資料表 2.2 暑中期と酷暑期の算定結果の例

地 名		日平均気温の 10 年間（2009〜2018 年）の日別平滑値が 25.0℃を超える月・日（暑中期）			同 28.0℃を超える月・日（酷暑期）		
		開始日	終了日	日数	開始日	終了日	日数(割合)
東北地方	秋　　田	7月26日	8月21日	27	−	−	0(0)
	会津若松	7月19日	8月21日	34	−	−	0(0)
	酒　　田	7月22日	8月26日	36	−	−	0(0)
	山　　形	7月22日	8月21日	31	−	−	0(0)
	福　　島	7月9日	8月25日	48	−	−	0(0)
関東地方	宇 都 宮	7月8日	8月29日	53	−	−	0(0)
	前　　橋	7月4日	9月3日	62	−	−	0(0)
	熊　　谷	7月3日	9月7日	67	8月3日	8月11日	9(13.4)
	水　　戸	7月10日	8月27日	49	−	−	0(0)
	秩　　父	7月11日	8月23日	44	−	−	0(0)
	銚　　子	7月27日	9月1日	37	−	−	0(0)
	東　　京	7月4日	9月2日	61	8月4日	8月5日	2(3.2)
	横　　浜	7月5日	9月9日	67	−	−	0(0)
	勝　　浦	7月27日	9月5日	41	−	−	0(0)
中部地方	輪　　島	7月13日	8月28日	47	−	−	0(0)
	相　　川	7月19日	8月30日	43	−	−	0(0)
	新　　潟	7月13日	8月30日	49	−	−	0(0)
	金　　沢	7月4日	9月4日	63	8月1日	8月7日	7(11.1)
	富　　山	7月6日	9月2日	59	−	−	0(0)
	長　　野	7月15日	8月22日	39	−	−	0(0)
	福　　井	7月3日	9月4日	64	7月30日	8月9日	11(17.1)
	敦　　賀	7月2日	9月7日	68	7月29日	8月12日	15(22.0)
	岐　　阜	6月28日	9月12日	77	7月17日	8月22日	37(48.0)
	名 古 屋	6月29日	9月12日	76	7月18日	8月22日	36(47.3)
	甲　　府	7月4日	9月6日	65	8月7日	8月9日	3(4.6)
	浜　　松	7月5日	9月9日	67	7月31日	8月14日	15(22.3)
	静　　岡	7月4日	9月12日	71	8月7日	8月11日	5(7.0)
	三　　島	7月4日	9月9日	68	8月6日	8月10日	5(7.3)
	石 廊 崎	7月14日	9月6日	55	−	−	0(0)
近畿地方	上　　野	7月5日	9月2日	60	−	−	0(0)
	津	6月30日	9月11日	74	7月25日	8月20日	27(36.4)
	尾　　鷲	7月7日	9月5日	61	−	−	0(0)
	豊　　岡	7月4日	9月1日	60	−	−	0(0)
	京　　都	6月27日	9月11日	77	7月14日	8月25日	43(55.8)
	彦　　根	7月4日	9月7日	66	7月31日	8月12日	13(19.6)
	姫　　路	7月4日	9月7日	66	7月29日	8月18日	21(31.8)
	神　　戸	6月29日	9月16日	80	7月20日	8月27日	39(48.7)
	大　　阪	6月26日	9月14日	81	7月14日	8月27日	45(55.5)
	和 歌 山	6月29日	9月14日	78	7月20日	8月25日	37(47.4)
	潮　　岬	7月8日	9月8日	63	−	−	0(0)
	奈　　良	6月27日	9月4日	70	8月19日	8月26日	8(11.4)

資料表 2.2 （つづき）

地　名		日平均気温の 10 年間（2009～2018 年）の日別平滑値が 25.0℃を超える月・日（暑中期）			同 28.0℃を超える月・日（酷暑期）		
		開始日	終了日	日数	開始日	終了日	日数(割合)
中国地方	松　江	7月6日	9月2日	59	—	—	0(0)
	境	7月5日	9月3日	61	8月2日	8月5日	4(6.5)
	米　子	7月4日	9月2日	61	7月29日	8月7日	10(16.3)
	鳥　取	7月3日	9月2日	62	7月31日	8月8日	9(14.5)
	萩	7月5日	9月2日	60	—	—	0(0)
	浜　田	7月7日	8月31日	56	—	—	0(0)
	津　山	7月9日	8月28日	51	—	—	0(0)
	下　関	7月5日	9月12日	70	7月27日	8月21日	26(37.1)
	広　島	7月1日	9月12日	74	7月19日	8月24日	37(50.0)
	福　山	7月3日	9月8日	68	7月25日	8月21日	28(41.1)
	岡　山	7月1日	9月4日	66	7月16日	8月23日	39(59.1)
四国地方	松　山	6月30日	9月11日	74	7月21日	8月23日	34(45.9)
	高　松	6月28日	9月13日	78	7月16日	8月26日	42(53.8)
	宇和島	7月2日	9月10日	71	7月31日	8月16日	17(23.9)
	高　知	7月1日	9月14日	76	7月26日	8月21日	27(35.5)
	徳　島	7月1日	9月13日	75	7月25日	8月23日	30(40.0)
	清　水	7月4日	9月19日	78	8月7日	8月19日	13(16.7)
	室戸岬	7月13日	9月4日	54	—	—	0(0)
九州地方	平　戸	7月12日	9月1日	52	—	—	0(0)
	福　岡	6月28日	9月13日	78	7月16日	8月25日	41(52.6)
	飯　塚	7月3日	9月2日	62	7月31日	8月11日	12(19.3)
	佐世保	7月2日	9月13日	74	7月24日	8月22日	30(40.5)
	佐　賀	6月30日	9月13日	76	7月16日	8月23日	39(51.3)
	日　田	7月2日	9月5日	66	7月28日	8月13日	17(25.7)
	大　分	7月3日	9月10日	70	7月25日	8月20日	27(38.6)
	長　崎	7月3日	9月14日	74	7月25日	8月23日	30(40.5)
	熊　本	6月30日	9月15日	78	7月18日	8月25日	39(50.0)
	延　岡	7月5日	9月9日	67	—	—	0(0)
	人　吉	7月6日	9月3日	60	—	—	0(0)
	鹿児島	6月26日	9月24日	91	7月12日	8月29日	49(53.8)
	都　城	7月3日	9月10日	70	—	—	0(0)
	宮　崎	6月30日	9月14日	77	7月28日	8月20日	24(31.2)
	名　瀬	6月9日	10月7日	121	6月28日	9月1日	66(54.5)
沖縄	那　覇	5月26日	10月22日	150	6月21日	9月21日	93(62.0)

2.3 メッシュ平年値を用いた暑中期と酷暑期の継続日数の分布算定結果の例

資料図 2.1, 2.2 に，気象庁のメッシュ平年値（統計期間 1981 年〜2010 年の平年値を使って 1km メッシュで推定した平年値）における月平均気温を用いて算定した，暑中期と酷暑期の継続日数の地理的分布を示している．同図は，先の資料表 2.2 に示した各地点の暑中期あるいは酷暑期の継続日数と，その地点の月平均気温に相関があること（沖縄と名瀬を除くと，暑中期間の決定係数 $r^2=0.864$，酷暑期間の決定係数 $r^2=0.880$）を利用し，作成したものである．資料図 2.1 より，暑中期に該当する期間が生じる地域は，北海道を除き全国に広く分布していること，大都市圏や九州以南で継続日数が長いことがわかる．同様に資料図 2.2 より，酷暑期に該当する期間が生じる地域は，南西諸島以外では大都市圏に集中していることがわかる．

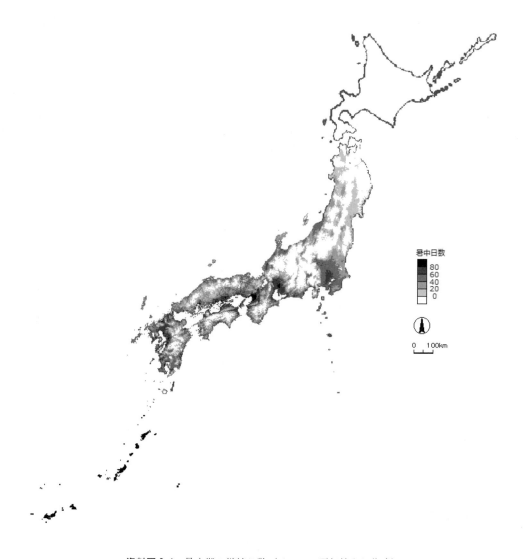

資料図 2.1 暑中期の継続日数（メッシュ平年値より作成）

資料 2. 暑中コンクリート工事の適用期間の算定結果の例 — 143 —

資料図 2.2 酷暑期の継続日数（メッシュ平年値より作成）

参 考 文 献
1) 気象庁ホームページ：気象統計観測の解説(https://www.jma.go.jp/jma/menu/menureport.html)
2) 気象庁ホームページ：メッシュ平年値,
　 http://www.data.jma.go.jp/obd/stats/etrn/view/atlas.html

資料 3. ブリーフィング（事前協議）チェックリストの例

資料表 3.1 酷暑期におけるブリーフィング（事前協議）チェックリスト（参考）[1]

事前協議日：　　年　　月　　日

建築工事名称	協議者
○○○○○新築工事	施工者： 販売店： レディーミクストコンクリート工場：下記による 工事監理者： 設計者：
☐ 建設地	
☐ 建設工期	
☐ コンクリート工事施工期間	
☐ 暑中期の期間	
☐ 原設計時のコンクリートのスランプと設計基準強度 Fc	スランプ：☐15，☐18，☐21cm Fc：☐21，☐24，☐27，☐30，☐33，☐36
レディーミクストコンクリート工場名	
☐ レディーミクストコンクリート工場所在地	
☐ レディーミクストコンクリート工場から建設地までの距離と予想運搬時間	約　　km，約　　分
レディーミクストコンクリート工場名	
☐ レディーミクストコンクリート工場所在地	
☐ レディーミクストコンクリート工場から建設地までの距離と予想運搬時間	約　　km，約　　分

参 考 文 献

1) 日本建築学会近畿支部：暑中コンクリート工事における対策マニュアル，2018.3

資料表 3.1 （つづき）

確認項目		確認内容
①適用期間，適用範囲		
☐	酷暑期の期間	
☐	コンクリート温度の上限値を 38℃とすることを許容するコンクリート種類および部位の適用範囲	コンクリートの種類：☐普通，☐軽量
		部位の適用範囲 ：☐基礎，☐柱，☐梁，☐床版，☐他
☐	特殊なコンクリートの有無	：☐なし，☐あり（　　　　　）
②材料及び調合とその管理に関する対策		
☐	混和剤の選定（貫入抵抗値が $0.5N/mm^2$ に達する凝結時間の遅延効果の確認）	☐AE 減水剤遅延形 ☐高性能 AE 減水剤遅延形
☐	セメントの種類	：☐普通，☐その他（　　　　　）
☐	混和材の種類	☐フライアッシュ　☐高炉スラグ微粉末
☐	スランプ，設計基準強度の選定 構造体強度補正値は $6N/mm^2$ とする．	スランプ：☐15, ☐18, ☐21cm Fc：☐21, ☐24, ☐27, ☐30, ☐33, ☐36
☐	コンクリートの調合計画	☐単位セメント量：○○kg/m³ (315kg/m³以上) ☐水セメント比：○○% (57%以下) ☐混和剤：C×○○% (C×0.6%以上)
☐	コンクリート圧縮強度，耐久性の確認	試し練り： ☐要　（レディーミクストコンクリート工場：　　　　　） ☐不要（レディーミクストコンクリート工場：　　　　　） ☐既往試験・研究結果確認
☐	フレッシュ性状，スランプの低下，凝結時間の確認	試し練り： ☐要　（レディーミクストコンクリート工場：　　　　　） ☐不要（レディーミクストコンクリート工場：　　　　　） ☐既往試験・研究結果確認
☐	調合管理用供試体の採取計画（数量・養生方法）	☐数量： ☐養生方法：○○養生
③試し練り結果の確認		☐実施　　　　☐実施せず
レディーミクストコンクリート工場名		○○生コン
☐	スランプの低下	☐6cm 以下　　☐その他（　　　　）
☐	貫入抵抗値 $0.5N/mm^2$ 到達時間（38℃推定値）	☐210 分以上　☐その他（　　　　）
☐	圧縮強度	☐合格　　　　☐その他（　　　　）
レディーミクストコンクリート工場名		○○生コン
☐	スランプの低下	☐6cm 以下　　☐その他（　　　　）
☐	貫入抵抗値 $0.5N/mm^2$ 到達時間（38℃推定値）	☐210 分以上　☐その他（　　　　）
☐	圧縮強度	☐合格　　　　☐その他（　　　　）
☐	圧縮強度	☐合格　　　　☐その他（　　　　）
レディーミクストコンクリート工場名		○○生コン
☐	スランプの低下	☐6cm 以下　　☐その他（　　　　）
☐	貫入抵抗値 $0.5N/mm^2$ 到達時間（38℃推定値）	☐210 分以上　☐その他（　　　　）
☐	圧縮強度	☐合格　　　　☐その他（　　　　）

資料表 3.1 （つづき）

④コンクリートの製造・運搬とその管理に関する対策		
☐	セメント，骨材，水，混和材の各温度管理と温度上昇防止	☐ミキサ設備や練混ぜ環境の温度対策 ☐その他特殊な温度対策（　　　　　）
☐	運搬時間の計画とその管理 トラックアジテータの配車ピッチ	☐配車ピッチ：○台／時間，○台／日 ☐運行管理方法
☐	コンクリート排出までのトラックアジテータの待機場所と待機方法	☐運搬時のトラックアジテータの温度対策 ☐トラックアジテータの待機限度：○分 ☐ドラム散水 ☐待機時の日陰駐車：☐可，☐不可
☐	フレッシュコンクリートの温度管理（右記の他，上限・下限の温度付近での温度管理方法，規格，適切な校正，トレーサビリティーの確保，実温度との比較，測定器具の保管方法等も確認する）	☐温度測定方法：JIS A1156（フレッシュコンクリートの温度測定方法） ☐温度測定器具 （☐アルコール温度計，☐バイメタル温度計， 　☐デジタル温度計） ☐測定場所：　　　☐測定時間・間隔・回数：
⑤施工管理・養生時の対策		
☐	打込み工区及び打込み順序を考慮した打込み計画	☐1回の打込み量：○○m³ ☐打込み計画
☐	打継ぎ不良（コールドジョイント），仕上げ不良対策	☐打込み前の散水によるコンクリート接触面の温度対策 ☐打継ぎ面や型枠に散水し，湿潤状態を保つ配慮をする ☐一体化させるための十分な締固め ☐打重ね時間間隔の限度：　　　分 （外気温が25℃以上の場合は最大120分）
☐	ポンプによる圧送困難，ワーカビリティー低下対策	☐配管計画・圧送計画 ☐ワーカビリティーの回復方法と品質確認
☐	湿潤養生方法 ：プラスチック収縮ひび割れ対策 ：コンクリート圧縮強度低下対策	☐湿潤養生開始時期： ☐湿潤養生期間：○○日 ☐特殊な養生方法 （☐養生剤，☐その他（　　　　　））
☐	打込み順序の計画	☐打込み順序の計画 ☐練混ぜから打込み終了までの時間の限度の設定：90分 （外気温が25℃を超える場合は90分以内） ☐レディーミクストコンクリート工場から打込み箇所までの運搬時間の限度：○○分 ☐練混ぜから打込み終了までの時間限度延長の場合の対策と時間の限度：　　　分
☐	工事現場における圧縮強度試験用供試体の数量と養生方法 （不合格の場合を想定した構造体コンクリート強度確認用の現場封かん養生供試体の追加等）	☐供試体の数量と養生方法 ☐現場封かん養生供試体の追加 ☐圧縮強度試験用供試体の保管方法・検査方法，試験機関
☐	耐久性およびプラスチック収縮ひび割れ	☐型枠（せき板）の存置期間：○○日 ☐支柱の存置期間：○○日 ☐構造体コンクリートの不具合の調査，記録および補修方法

資料4. 暑中期のレディーミクストコンクリート工場における材料温度の実態調査

4.1 はじめに

暑中期のコンクリート温度を議論する上で，使用するコンクリート用材料の温度を把握することは最も重要なことである．しかしながら，これらコンクリートに使用される材料温度の調査は，1989年に報告された以降は実施されていない[1]．そこで今回，建築工事で暑中期のコンクリート温度が課題となる代表的な4地区（東京，愛知，大阪・兵庫，福岡）において，各生コンクリート工業組合の協力のもと，工場で使用される骨材（細骨材・粗骨材），練混ぜ水，セメントなどの材料温度の実態調査を実施した．

4.2 調査概要

4.2.1 調査工場

材料温度の実態調査は，東京，愛知，大阪・兵庫，福岡の生コンクリート工業組合のうち，各工業組合で15工場程度を選定した．また，各工業組合内での工場の選定にあたっては，できる限り広いエリアでの工場選定をお願いした．

4.2.2 調査期間・時間

調査は，7月末から9月初旬にかけて，1回／週を目安に温度の上昇する昼前後に実施した（セメントを除く）．また，測定時には天候と外気温の記録も行った．

4.2.3 調査方法

今回調査を行った各材料の調査方法を資料表4.1に示す．

①骨材（細骨材・粗骨材）

骨材の測定は，それぞれ共通の赤外線放射温度計（株式会社エー・アンド・デイ製AD-5635）を用いて，直射日光が当たらずできる限りミキサに近いプラント貯蔵ビンや計量ビンなどで実施した．

②練混ぜ水

練混ぜ水は，測定可能な箇所で通常使用している温度計を用いて測定を行った．

③セメント（普通ポルトランドセメント）

セメントは，建築工事で汎用的に使用されセメント製造から工場納入までの期間が短い普通ポルトランドセメントを対象に実施した．なお，セメントに関してはトラックからセメントサイロまで密閉した状態で納入されるため，安全に測定できる場合のみの任意の実施とし，頻度も測定期間中に1点以上とした．

資料表4.1 各材料の調査方法

	測定機器	測定場所	測定頻度（目安）
細骨材・粗骨材	赤外線放射温度計	貯蔵ビンや計量ビンなど	1回／週
練混ぜ水	通常使用している温度計	測定可能な箇所	1回／週
セメント		測定可能な箇所	1回／期間（可能な場合）

4.3 調査結果

今回調査を行った地区および工場数を資料表4.2に示す．細骨材と粗骨材に関しては，骨材に直接日射の当たらない貯蔵ビン，計量ビン，貯蔵サイロ下のデータのみを採用した．

結果は各材料について測定期間中の平均値，最大値，最小値の算出を行った．材料で複数種類の結果がある場合は，平均値としては複数種類の平均値を最大値と最小値は個別の値を採用した．

資料表 4.2 各地区の調査採用データ（工場数）

	細骨材	粗骨材	練混ぜ水	セメント
東京	15	15	15	12
愛知	14	14	15	15
大阪・兵庫	15	15	15	12
福岡	13	13	14	7

4.3.1 骨材（細骨材・粗骨材）

今回の測定は，ミキサにより近い箇所で実施しているので，練混ぜ直前の骨材温度を反映している．細骨材の測定結果を資料図4.1，粗骨材の測定結果を資料図4.2に示す．細骨材，粗骨材ともに測定期間を通じての最大値（最高温度）は全て30℃を超え，35℃を超えているデータも一部見受けられた．また，平均温度，最低温度については，細骨材と粗骨材はほぼ同じ値であったが，最高温度に関してのみ，一部の地区で粗骨材が高い結果となった．

それぞれ図中の○と△は，1989年に報告された調査結果[1]をプロットしたもので，貯蔵設備に骨材サイロと上屋を有している工場の平均温度（前回サイロ平均，前回上屋あり平均）である．測定方法の違いによる影響を考慮しても，地球温度化による外気温の上昇により，前回調査時よりも骨材温度がかなり上昇していることが確認される．

資料図4.3および資料図4.4は，4地区全ての外気温，細骨材の調査結果を週単位でまとめたものである．

当然のごとく細骨材の温度は外気温と同じ傾向にあるが，その変化量は外気温と比較するとより緩やかになっている．また，測定は7月後半から実施しているが，一時的に温度が下がった時期を除き8月後半まで外気温が下がらず，細骨材の温度も引き続き高温状態が続く結果となった．

今回のケースのように外気温が下がらず高温状態が続く場合は，骨材の温度も高い傾向が続くので注意が必要である．

資料4. 暑中期のレディーミクストコンクリート工場における材料温度の実態調査

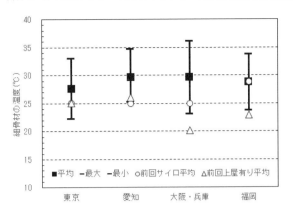

資料図4.1　レディーミクストコンクリート工場における暑中期の細骨材の温度

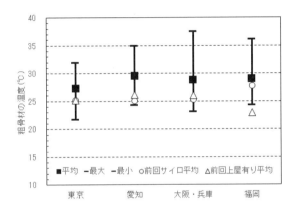

資料図4.2　レディーミクストコンクリート工場における暑中期の粗骨材の温度

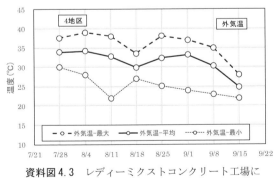

資料図4.3　レディーミクストコンクリート工場における外気温の推移

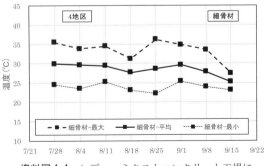

資料図4.4　レディーミクストコンクリート工場における細骨材温度の推移

資料図4.5および資料図4.6は,外気温と細骨材について週単位の平均温度を地区別に示したものである.細骨材の平均温度は,地区別にみると,わずかではあるが愛知,大阪・兵庫が高く,東京が低い傾向であった.この差は,外気温と細骨材の傾向が類似していることからも,各地区で使用されている骨材の貯蔵設備の違いではなく,単純に外気温による影響であると推測される.

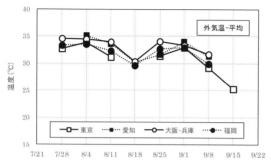

資料図4.5 レディーミクストコンクリート工場における各地区での外気温の推移

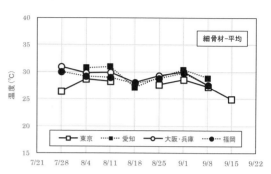

資料図4.6 レディーミクストコンクリート工場における各地区での細骨材温度の推移

4.3.3 練混ぜ水

今回調査を実施した工場の練混ぜ水の内訳を資料表4.3に示す.使用している全ての種類について測定していない場合もあるが,その構成には地域の特徴がみられ,東京や大阪・兵庫では愛知や福岡に比べ,地下水を使用している工場が少ないことがわかる.

資料表4.3 調査を実施した練混ぜ水の内訳

	測定工場	地下水以外の水	地下水
東京	15	15	3
愛知	15	15	14
大阪・兵庫	15	15	3
福岡	14	12	7

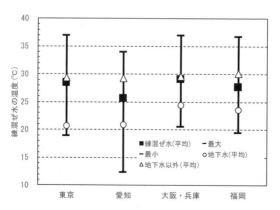

資料図4.7 レディーミクストコンクリート工場における暑中期の練混ぜ水の温度

練混ぜ水の測定結果を資料図4.7に示す．練混ぜ水は，全体のデータ（最大値・最小値・平均値）のほかに，地下水と地下水以外の平均値も記載した．本図から，地下水以外の水が平均して30℃弱であるのに対し，地下水は20〜25℃であり，地下水以外の水と比較して5〜8℃ほど低いことがわかる．各地区の平均値は，地下水については差があるものの，地下水以外の水に関してはほとんど差がない結果であった．また，最高温度に関しては測定箇所が異なるため一概には言えないが，練混ぜ水は細骨材や粗骨材よりも高い傾向となった．これらの結果から地下水の利用が暑中期の練上がり温度対策に有効と思われるが，資料表4.3のとおり，地域によっては地下水を利用できないケースも多く，地域性を十分考慮して対策を検討する必要がある．

資料図4.8および資料図4.9は，練混ぜ水（地下水，地下水以外の水）と外気温の平均温度，最高温度を示したものである．地下水の平均温度は，外気温の影響を受けずに期間中安定した温度で推移している．一方，最高温度に関しては，地下水，地下水以外の水ともに外気温に連動して高温になっている．これは，貯蔵設備の練混ぜ水が直接日射を受けたこともその理由に考えられる．練混ぜ水はコンクリート温度に与える影響は骨材ほど大きくはないとはいえ，骨材の温度対策として上屋を設置するなどの対策が進んだ現状を考えると，練混ぜ水の温度上昇は今後注意すべき点であり，何らかの対策が期待される．

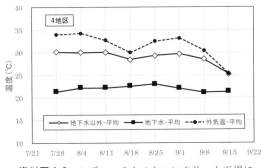 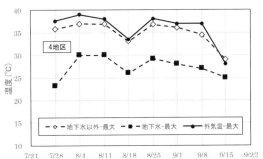

資料図4.8 レディーミクストコンクリート工場における練混ぜ水の平均温度の推移

資料図4.9 レディーミクストコンクリート工場における練混ぜ水の最高温度の推移

4.3.4 セメント

セメントの測定結果を資料図 4.10 に示す．測定されたセメントの平均温度はいずれの地区でも50℃程度となっている．最高温度は大阪・兵庫地区で70℃を超えているが，1989年に報告された同じ地区での調査結果が 80〜100℃[1] とかなり高温だったことを考えると，今回の調査結果では，セメント温度が大幅に低くなっていることがわかる．

また，測定結果をレディーミクストコンクリート工場に納入する輸送形態により，"セメント工場からトラック"，"サービスステーション（以下，SSという）からトラック"，"SSから配管で直送"の3通りに分類した．分類した工場の内訳を資料表4.4に示す．各地区での輸送形態は，地下水と同じく地域性がみられ，一般的なSSからトラックでの納入に加え，セメント工場が多く立地する福岡地区ではセメント工場から直接トラックで，大量消費地である東京や大阪・兵庫の臨海工場は，隣接したSSから配管で直送される方法もとられている．

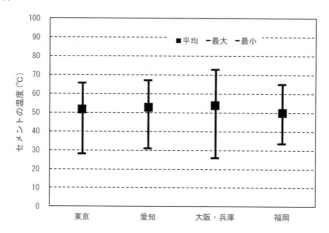

資料図 4.10 レディーミクストコンクリート工場における暑中期のセメントの温度

資料表 4.4 セメント輸送形態による分類とその内訳

	セメント工場からトラック	SSからトラック	SSから配管で直送
東京	2	8	2
愛知	2	13	0
大阪・兵庫	0	8	4
福岡	7	0	0

測定結果を各輸送方法の違いにより分類したものを資料図4.11に示す．当初，セメント工場からトラック輸送もしくはSSから直送の温度が高いと予想されたが，今回の測定では，各輸送形態による大きな差はみられなかった．これらは，セメント工場の操業状況や出荷状況の影響も考えられるが，全てのセメント工場ではないものの，セメントクーラーなどの新たな冷却設備を導入し，出荷セメントの温度対策に取り組んでいる成果ともいえる[2]．

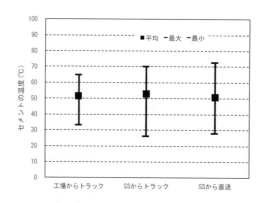

資料図 4.11 セメントの輸送形態の違いよる暑中期のセメントの温度

4.4 おわりに

　コンクリートに使用する材料温度は，貯蔵設備の上屋設置などの対策を施しているにもかかわらず，予想以上に進む地球温暖化の影響で上昇傾向にあるといえる．今後，これら材料の温度上昇を抑える対策や技術開発も必要であると考えるが，一方で現状を踏まえ，暑中期に施工されるコンクリートの特性を十分に把握し，暑中期でも適切な施工によりコンクリートの品質確保を可能とする技術の整備が期待される．

参 考 文 献

1) 吉兼亨：暑中環境におけるコンクリート工事の諸問題と対策　製造サイドの実情，日本建築学会材料施工委員会，1989年度日本建築学会大会材料施工部門研究協議会（参考資料），1989.10
2) 大西利勝ほか：セメントの温度，コンクリート工学，pp.424-427，Vol.51，No.5，2013.5

暑中コンクリートの施工指針・同解説

1992年6月20日	第1版第1刷
2000年9月15日	第2版第1刷
2019年7月20日	第3版第1刷
2022年1月20日	第3版第3刷

編　集
著作人　　一般社団法人　日本建築学会

印刷所　　昭和情報プロセス株式会社

発行所　　一般社団法人　日本建築学会
　　　　　108-8414　東京都港区芝5-26-20
　　　　　電　話・（03）3456-2051
　　　　　ＦＡＸ・（03）3456-2058
　　　　　http://www.aij.or.jp/

発売所　　丸善出版株式会社
　　　　　101-0051　東京都千代田区神田神保町2-17
　　　　　　　　　　神田神保町ビル
　　　　　電　話・（03）3512-3256

Ⓒ 日本建築学会 2019

ISBN978-4-8189-1084-3　C3052